南京气象史话

李蓓蓓　曹　玲　姚　鸣　龚昕宇　沈　滢　编著

气象出版社
China Meteorological Press

内容简介

南京作为一个历史古城，其气象工作在我国气象事业历史长河中有着十分重要的地位。2020年9月30日，在世界气象组织执行理事会第72次届会上，南京国家基准气候站成功入选为新一批世界气象组织百年气象站。

编者通过搜集、辑录大量气象史料、档案和历史照片等，对南京地区的气象历史资料进行了较为全面的整理和阐述。同时，编者通过与江苏省气象局、南京市气象局、北极阁气象历史博物馆、南通气象博物馆、中国气象科技展馆、上海气象博物馆等机构单位和专家的调研和交流，完善补充了南京气象发展的历史细节。本书展示的包括日本中央气象台保存的《清国南京气象表》以及中国第二历史档案馆、中国第一历史档案馆和江苏省档案馆相关档案在内的许多珍贵资料，可以为相关人员开展南京气象研究提供参考。

本书也是一本面向公众的科普读本，不仅对南京气象历史有较为完整的介绍，还穿插了许多有趣的气象故事，有助于气象爱好者们对南京气象历史建立更广泛和完整的了解。

图书在版编目（ＣＩＰ）数据

南京气象史话 / 李蓓蓓等编著. -- 北京 : 气象出版社, 2024.5

ISBN 978-7-5029-8202-7

Ⅰ. ①南… Ⅱ. ①李… Ⅲ. ①气象学—历史—南京 Ⅳ. ①P4-092

中国国家版本馆CIP数据核字(2024)第102125号

南京气象史话

Nanjing Qixiang Shihua

出版发行：气象出版社

地　　址：北京市海淀区中关村南大街46号　　**邮　　编**：100081

电　　话：010-68407112（总编室）　010-68408042（发行部）

网　　址：http：//www.qxcbs.com　　**E-mail**：qxcbs@cma.gov.cn

责任编辑：郝　汉　张锐锐　　**终　　审**：张　斌

责任校对：张硕杰　　**责任技编**：赵相宁

封面设计：艺点设计

印　　刷：北京地大彩印有限公司

开　　本：710 mm × 1000 mm　1/16　　**印　　张**：10.75

字　　数：171千字

版　　次：2024年5月第1版　　**印　　次**：2024年5月第1次印刷

定　　价：59.00元

前言
PREFACE

中国的气象发展历程源远流长，在历史上留下了一幕幕精彩的篇章。早从“人文初祖”黄帝时代就已有官职人员进行观天象活动，古人对天象的认识既有日月星辰，又有各种天气现象。《史记》中就记载有“黄帝使羲和占日，常仪占月”。羲和与常仪也因为与日月天象有着紧密的联系，因而在古代神话故事中被分别塑造为太阳和月亮的母亲。

众所周知，气象的发展与人类农业生产、日常生活密切相关。自古以来，无论朝代如何更迭，中国作为农业大国，历来重视气象。“东虹日出，西虹雨；晨虹有雨，晚虹晴”，为了丰收，观察天气、预报天气等都是农作的习惯。从三皇五帝至明清时期，历代统治者也都设立了观象机构，在这里工作的官员们日夜观象，其中一个目的就是了解天气气候、得出四季规律、制定历法，以便百姓更好地安排农事等生产活动。

18世纪，浩荡的工业革命让欧洲大陆面貌焕然一新。随后，其影响迅速传向东方，让盘踞在东亚的“巨龙”深深一震。几乎在同一时期，西方传教士来到中国，以科学传教的方式进行文化远征，对中国传统文化开始产生影响，其中就包括气象仪器和气象理论的传入。传教士带来了很多“新奇玩意儿”，如空气温度计、气压计等，让明清时期的中国民众大开眼界。一些传教士在国家观象机构供职，个人在教堂和寓所建立小型观象站，进行气象观测，西方近代气象观测仪器和观测方法因此传入中国，并保留下来中国乃至东亚最早的气象观测记录。据不完全统计，19世纪中叶到20世纪30年代，西方各派别教会在中国设立的气象观测站或简易观测点多达80余处。近代，远东闻名的上海徐家汇观象台，就是在清朝同治年间，由法国耶稣会神父创办的，这是中国沿海地区第一座观象台，100多年来上海从未间断过气象观测。

随着中华人民共和国的成立，气象事业的天地更加广阔。经过一代又一代气象工作者的艰苦付出，中国逐渐形成完备的现代化业务技术体系，为人民提供全方位、多层次的气象服务。于是，气象行业率先打开国门，积极开展国际气象领域的交流和合作，有力地推动了气象事业在全球的发展。在国际通力合作中，一方面，中国的气象科学技术可以更有效地与世界各地的气象科研人员分享，提升中国在国际上的影响力；另一方面，各个国家之间相互学习对于气象科学技术本身的创新、发展是至关重要的。目前，中国气象科学技术水平已处于令世界瞩目的位置。

2020年9月30日，在世界气象组织执行理事会第72次届会上，南京国家基准气候站成功入选为新一批的世界气象组织百年气象站。南京气象台站作为不可替代的人类文化与科学遗产，见证了中国近现代气象事业的发展，与世界气象文明一同前进。

南京作为六朝古都，其气象历史十分丰富，并且有着重要地位。早在1600年前的南北朝时期，南京就已经建有江南地区第一座国家级的气象观测机构——“灵台”。明朝曾在南京建都，在钦天山上建立了新的观象台。清末民初，国内的气象台主导权都掌握在外国人或教会手中。因此，为了国家主权、国家利益和民族尊严，竺可桢等中国老一辈气象工作者呕心沥血、只争朝夕、克服万难，逐步建立起属于我国自己的气象台和气象事业。

竺可桢寻遍南京，最终选定了在明朝钦天山上重建北极阁气象台，作为中央研究院气象研究所地址。1929年1月，国立中央研究院气象研究所正式成立，此后，胡焕庸、吕炯、涂长望、赵九章、黄厦千、卢鋈、程纯枢等我国著名的科学家都曾在北极阁气象台从事过气象研究或测候工作。中华民国时期，全国高等院校的气象教师、各级气象研究机构的研究员，有不少都曾在北极阁气象台或气象练习班有过学习的经历。因此，北极阁气象台也被誉为“中国近代气象科学的发祥地”。

新中国成立初期，南京气象机构几经变动，气象部门从军队建制转向政府建制。1950—1954年，南京气象部门曾先后建立了华东航空处气象处、华东空军司令部气象处、华东军区司令部气象管理处、华东气象处、省军区气象科。1954年，江苏省气象局正式成立，地址仍设立在南京市北极阁2号。2006年，南京市气象局正式独立建制。

鉴于南京气象史在我国气象历史中的重要地位，非常有必要出版一本关于南京气象历史的专门书籍，一方面梳理南京气象历史，另一方面向大众科普南京气象历史知识。在我国气象史领域，前辈们潜心研究，已经发表了相当多的成果，这些成果中有不少涉及南京气象史。例如，气象学家王鹏飞教授曾多次实地考察并进行广泛研究，发表了多篇关于南京古代气象史的文章；温克刚先生的《中国气象史》、刘昭民先生的《中华气象学史》、陈学溶先生的《中国近现代气象学界若干史迹》、吴增祥先生的《中国近代气象台站》和庄国泰先生的《中国的世界百年气象站（三）》等，都涉及南京气象史。这些研究成果为本书编写提供了非常重要的参考。

本书在编写过程中，李蓓蓓、曹玲负责编写的组织和审校工作。李倍蓓和沈滢负责古代篇的编写，曹玲和姚鸣负责民国篇的编写，李蓓蓓和龚昕宇负责现代篇的编写。陈倩、相婷婷、尹洁、余婧和陈慧琳参与了资料整理和文字校对工作。江苏省气象学会、南京市气象局提供了资料查取的协助。本书得到了国家自然科学基金项目（42342020）、江苏科技智库计划（青年）

项目（JSKX0084）、中国科协科学家精神教育基地史料收集和口述访谈项目（2024pt002）的支持。

本书较为系统地收集了南京气象历史文献和档案资料，力求为读者呈现相对完整的南京气象古今发展。希望能够以此书作为引玉之砖，引起更多专家学者和气象爱好者对南京气象历史的关注。由于编者的水平有限，本书难免存在遗漏之处，敬请读者朋友能够予以指正。

编写团队

2024年4月

目 录
CONTENTS

民国篇

现代篇

古代篇

泱泱千年乎，
王朝更迭，
几经冷暖。

观象千年，
灵台可曾屹立？
风云变幻，百官执笔记。

一声巨响，
国门洞开，
遮天盖日，气象主权拱手让。

南京曾为六朝古都，追忆三国风云，再见南朝更迭，古代的南京又有多少观象往事。本篇分为3章，追溯南京古代的气象记载，考察南京古代观象存留遗迹。第1章讲述南京南朝至清朝历代的观象机构记载，恢复南京历史气象观测机构和人员情况。第2章从甲骨文、官修文献到地方志、谚语，搜罗南京曾经的气象记录，探寻南京城经历的风霜雨雪。第3章讲述了清末气象主权旁落，气象观测为外国人所主导，国人自建气象台站尚待积累。

第 1 章

仰观俯察天人际

当你仰望星空时，天上的繁星点点也在深深地凝视着你。观天测象活动是古人们了解天象变化的重要途径，无论是阴晴雨雪还是月亮流星，都是其观察对象。古代观象机构是兼具天文和气象功能的国家观象机构，由于历代统治阶级都坚信“天人感应”“受命于天”的观念，为了服务统治者更快地知晓天意，观象机构大多设立在都城。

传说中的“灵台”是否曾矗立在南京城？明清延续几百年的钦天监如何肇始？又如何运转？信奉上帝教的太平天国进行了哪些气象活动？这些问题将在本章一一揭晓。

第 1 节　南朝时期

（1）“灵台”之初建

南北朝时期，有四个连续的朝代偏安南方，并且都选择定都南京，分别是宋、齐、梁、陈，历史上合称为南朝。宋朝就是南朝的开端，也是南朝中存在时间最久、疆域最辽阔的朝代。开国皇帝刘裕曾以耕地捕鱼为生，之后投身北府兵，累积了赫赫战功，被东晋封为宋王，掌握了东晋的军政大权。

公元420年，刘裕代晋自立，定都建康（今南京），国号宋，史称刘宋。辛弃疾曾在《永遇乐·京口北固亭怀古》中感慨刘裕是“金戈铁马，气吞万里如虎”，可惜刘裕称帝后不到三年就病死了。其长子刘义符也仅在位一年，就被部下刺杀身亡。刘宋在位时间较长的是宋文帝刘义隆，他继续推行刘裕整顿吏治、奖励耕织、减轻赋税等改革策略，使南方出现了少有的兴旺局面，被称为“元嘉之治”。元嘉之战中，刘宋势力大大受挫，战后的第三年宋文帝被太子刘劭所杀，刘宋的政治也日渐崩坏，社会矛盾、阶级矛盾日益尖锐。

从史书的“蛛丝马迹”来看，“灵台”理应曾在刘宋朝的南京设置。“二十四史”之一的《宋书》，是记述南朝刘宋的纪传体史书，其中的《宋书·百官志》中记载：“太史令一人，丞一人。掌三辰时日祥瑞妖灾，岁终则奏新历。”[①]由此可以看出，刘宋时期设立了专门负责观象的官职，其主要职责延续周朝和汉朝，为观天象、测风候；而作为都城的建康，理应设置其工作的观象机构——“灵台”。

据《隋书·天文志·浑天象》所记，刘宋开国皇帝刘裕的第三子宋文帝刘义隆曾“诏太史更造浑仪。太史令钱乐之，依案旧说，采效仪象，铸铜为之”[②]。由此可知，宋文帝在公元436年曾下令让太史令重新制作浑仪（一种天文观测仪器），这证明在更早以前就已经存在同类型的观象仪器。既然有了观象仪器，就必然有相应的观测人员和观象机构来使用和保存这些仪器，这一证据也从侧面印证了“灵台”的存在。

刘宋王朝的“灵台”是目前史料中推测南京最早的观象机构。遗憾的是，目前保存下来的史书中很难找到“灵台”究竟建于何时何地。

（2）“灵台”之延续

刘宋末年，统治阶级之间自相残杀，反而让禁军将领萧道成登上了政治舞台，他趁宋末内乱不断发展自身实力。公元479年，他逼迫宋顺帝退位，

① 沈约.宋书：卷三十九：百官志上[M].北京：中华书局，1974：1229.

② 魏征，令狐德棻，等.隋书·卷十九·天文志上[M].北京：中华书局，1982：519.

建立了齐朝，史称萧齐或南齐。萧齐时南北朝间基本没有战争，齐高帝萧道成也进行了一定的改革，但最终萧齐也走上了刘宋的老路，统治阶级内斗严重，统治仅持续 23 年。公元 501 年，萧道成的族弟萧衍以替兄报仇为名，攻进建康，于次年称帝，建立梁朝，史称萧梁。萧梁倒是相对“长寿”，共历 55 年，但梁武帝萧衍一人就在位 47 年。为了巩固统治，梁武帝大力推广佛教，三次诡称自己要当和尚，群臣为赎他花费大量的钱财。此外，他的佞佛行为更是让大量的社会财富流入寺庙。杜牧在《江南春》中描述的“南朝四百八十寺，多少楼台烟雨中”就生动地反映了当时社会佛教的盛行。后期发生的侯景之乱，不仅让萧衍被软禁饿死，也是南方的一次空前浩劫，南弱北强的局面正式确立。此后，梁武帝的子孙纷纷自立，武将陈霸先在中央先后扶持元帝、敬帝。公元 557 年，萧梁灭亡。

史书中虽少有齐梁两朝关于“灵台”的记载，但延续传统应为可能。齐梁两朝享国不足百年，均是在前朝的基础上建立新的政权，宫殿和园林也沿用了前朝的“建章宫”和“华林园”，故此两朝再另设观象机构的可能性较小，继续沿用前朝刘宋时期的“灵台”也更符合当时的社会情况和政治局势。这一沿袭也会使得刘宋时期制造的观象仪器得以在齐梁两朝不足百年的时间中继续发挥价值。

（3）“灵台”之毁灭

陈霸先最初在南梁朝只是小官吏，后因镇压农民暴动有功，官至督护、太守之职。在侯景之乱爆发后，他在岭南起兵讨伐侯景，逐步取得了权位。在相继扶持两位皇帝后，于公元 557 年废帝自立，国号陈，陈朝是中国古代历史上唯一一个用皇帝姓氏作为国号的朝代。陈朝在武帝、文帝、宣帝时期，相继降服了南方的大部分割据势力，政治情况逐渐改善，经济逐步恢复。陈宣帝时期的北伐行动最终以失败告终，军队实力遭受重创，陈朝的国力便走上了下坡路。陈后主陈叔宝继位后，不理政事、荒淫无道。公元 589 年，日渐强大的隋朝大举南下，攻入建康，陈朝灭亡。

陈朝的“灵台”在史书中留下了确切的记录。在《江苏省志•气象事业志》中提到：“据《陈书》记载，陈朝时，在南京曾有灵台候楼，供观测天文、气象之用。”这一点也得到了气象史学家王鹏飞的考证①。

公元565年，也就是陈朝开国的第八年，“秋七月癸未，大风至自西南，广百馀步，激坏灵台候楼”②。南京自西南方刮起了一场大风，这场大风吹倒了“灵台候楼”。“灵台”是一个较大范围的区域，“候楼”指的就是位于“灵台”区域内用于观测气象天文的高楼。王鹏飞认为，“灵台候楼”在大风中能被吹坏，说明此“候楼”建筑已久，陈旧易损。陈朝仅维持32年，而在开国的第八年就因一场大风吹坏了“候楼”，由此可见，极有可能是沿用了前朝的旧“灵台”。

《隋书》中记载了隋朝灭陈后，将南朝沿用的仪器带走的内容。刘宋元嘉时期曾制作了多种观象仪器，此后的三个朝代都沿用了刘宋时期的“灵台”和仪器。隋文帝发兵灭陈、统一全国后，将陈朝的仪器全部收入囊中，随行带去了长安，并且明确说明了隋文帝带走的这些仪器就是刘宋时期所造的那一批。前文已经提到，南朝的前三朝均使用了相同的观象建筑和仪器，那么陈朝继续沿用刘宋时期的“灵台”也就不足为奇了。

（4）千年日观遥相望

除了“灵台”以外，在南京还有一处古观象地点——日观台。这个名字或许并不被人熟知，但其实它就曾坐落在现今玄武湖畔的北极阁。南京大学考古与历史学专家蒋赞初在其著作《南京史话》③中写道：“南朝刘宋时，帝王在鸡笼山腰及附近大规模扩建皇家花园——华林园，又在鸡笼山的最高处筑有‘日观台’，又名‘司天台’，作为观测天文和气象的地方，这也可说是今北极阁气象台的最早开端。”

---

① 王鹏飞．南朝观象台在今南京大行宫考 [J]. 东南文化，2007（5）：39-48.

② 姚思廉．陈书：卷三：世祖 [M]. 北京：中华书局，1972：59.

③ 蒋赞初．南京史话 [M]. 南京：江苏人民出版社，1980.

既然日观台的位置是确凿的，那么能否从日观台的史料中推测出“灵台”的所在地呢？日观台是否替代了“灵台”作为观象机构？王鹏飞查阅了众多古籍资料，给出了不同答案。

南朝史学家沈约所著的《宋书·符瑞志》中记载：“大明四年四月壬子，木连理[①]生华林园日观台北。”[②]由此可见，日观台位于南朝第一园林“华林园”中。而北宋的方志《祥符图经》中提到：“台城（建康宫）西有日观台。”这里又说日观台在建康宫西侧的城墙上。以上两种说法，究竟哪个才是正确的呢？

王鹏飞认为，所谓“日观台”，一般指清晨观察日出奇景的地方，例如泰山的“日观峰”。中国历史上暂无可考的把观象场所称为“日观台”的说法。而“灵台”自西周时期就已存在，属于国家级别的观象测候机构，并且一直用于举办重大庆典和占卜观象等活动。北宋时华林园已成废墟，想找到一个亲眼见过华林园的人是不可能的，故《祥符图经》中所描述的内容多半引自其他朝代的古籍。齐梁诸王常常邀请百官在华林园饮宴，而沈约作为南梁开国功臣，地位显赫，所以沈约是有可能受邀前往华林园赴宴的。两相比较之下，沈约在《宋书·符瑞志》中所写的可信度更高一些，应在华林园。

作为国家观象机构的“灵台”，必然享有高于“日观台”的政治地位，所以“灵台”应位于南朝政治中心的建康宫（今大行宫附近），才能突显它的皇权象征。虽然刘宋建造的“灵台”并非中国最早的观象台，但却是江南地区第一座具有相当规模的国家观象台，一直矗立于整个南朝时期的土地上，也是南京具有重要纪念意义的观象台遗址[③]。至于日观台，虽有地理优势，却只能作为皇室贵胄消遣娱乐之地，在鸡笼山上遥遥相望建康宫的“灵台”，等待着千年之后再结气象之缘。

---

① 木连理指两棵不同根的草木或枝干生长在了一起，是祥瑞之兆。

② 沈约．宋书：卷二十九：符瑞志下 [M]. 北京：中华书局，1974：859.

③ 王鹏飞．南朝观象台在今南京大行宫考 [J]. 东南文化，2007（5）：39-48.

（5）百官天象遥相传

古代观象机构在朝代更迭中不断完善，明朝设有“司天监”（明朝洪武三年改称“钦天监”），清朝延续了“钦天监”的设置。谈起这些机构的运行，就要谈到机构的运行官员——那些善于观察天象、“知晓天意”的人。他们除了观测天象外，还需要根据天象进行占卜、预测、修订历法、报更时刻，在古代农业社会的官职体系中占有重要地位①。

早在周朝就设置了太史以及保章氏、冯相氏等负责天象的官职。其中，保章氏的工作主要在于观测日月天象异变，用来计算凶吉，预言占卜，也就是现在大家所说的“占星学”。冯相氏的主要工作是计算日月的运动，制定历书。可不要小瞧历法制定，在古代社会，人们的生产力较为低下，只能日出而作、日落而息。农业是一份极为“靠天吃饭”的营生，却又是中国古代绝大多数百姓的立生之本。何时松土？何时除虫？何时播种？……这些农事活动都需要一个准确的历法，指导农业生产。历法绝非编制简单的日历，其中涉及了对太阳、月亮、五星运动的观测和计算，回归年、朔望月、闰月、节气的设置也要仔细考量。在当时，数学计算还是人脑进行筹算，没有现代先进的计算机辅助，其计算量是难以想象的。目前，中国古代可考的历法就达到了 100 余种，足见古人的智慧。

太史的权力相比保章氏和冯相氏要更大一些，是“史官之长”。其官品在历朝也有所不同，南北朝时期太史令的官品大致延续了三国时期的制度，三国时期魏国太史令的官品是六品，东晋时期太史令为七品，南朝时期太史令官品为五品至七品。据清朝乾隆年间修订的《历代官职表》所记，南朝时有“太史令、太史丞、典历、灵台丞、漏郎将”等官职②。南朝时期各朝的太史官职是沿袭以往制度，在名称上并无太大区别，只是在品级上略有浮动。南朝时期太史令的职能中最具影响的是“占候天象”。如今能在古籍中看到翔实的天象记录大部分都是太史令的功劳。在古代“天人合一”的思想指导下，太

---

① 金霞．魏晋南北朝时期太史令及其职能初探 [J]. 商丘师范学院学报，2004（6）：79-82.

② 王鹏飞．王鹏飞气象史文选 [M]. 北京：气象出版社，2001：316.

史的工作不是单纯的记载天象，更重要的是利用天象来验证祥瑞和灾害，其中蕴含着深刻的政治内涵。

太史令听上去似乎只是故弄玄虚的占卜师，但这份工作非常强调家世背景，是普通人基本无法触及的职业。历史上的太史令大多出身“史官世家”，比如《史记》的作者司马迁，就出生于太史家族，他在二十八岁时接任了父亲衣钵，继任太史令一职，因此也被后世称为“太史公”。南北朝时期对于太史令的任职仍然继承汉制，认为天象是秘学，不可私下随意教授，太史令是天人交流的重要角色，关乎国家的存亡。所以这一职位的传承就像古代贵族的爵位，父死子继，世代相传，并且往往得到皇帝重用。如东晋太史令黄泓，从小跟着父亲学习天文秘术，受到父亲的影响对此颇有研究。北魏太史令晁崇，出身史官世家，因擅长天文术数而被皇帝信任。为了保持家学的垄断，太史家族对其技艺严格保密。

珍贵史料：最早的南京气象史料记录

宋文帝以元嘉十三年诏太史更造浑仪。太史令钱乐之依案旧说，采效仪象，铸铜为之。五分为一度，径六尺八分少，周一丈八尺二寸六分少[①]。地在天内，不动。立黄赤二道之规，南北二极之规，布列二十八宿、北斗极星。置日月五星于黄道上。为之杠轴，以象天运。昏明中星，与天相符。梁末，置于文德殿前。至如斯制，以为浑仪，仪则内阙衡管。以为浑象，而地不在外。是参两法，别为一体。就器用而求，犹浑象之流，外内天地之状，不失其位也。吴时又有葛衡，明达天官，能为机巧。改作浑天，使地居于天中。以机动之，天动而地止，以上应晷度，则乐之之所放述也。到元嘉十七年，又作小浑天，二分为一度，径二尺二寸，周六尺六寸。安二十八宿中外官星备足。以白青黄等三色珠为三家星。其日月五星，悉居黄道。亦象天运，而地在其中。宋元嘉所造仪象器，开皇九年（隋）平陈后，并入长安。（隋）大业初，移于东都观象殿。

——《隋书·天文志·浑天象》[②]

① 1 丈≈3.33 米，1 尺≈0.33 米，1 寸≈0.03 米，下同。

② 魏征，令狐德棻，等.隋书：卷十九：天文志上 [M]. 北京：中华书局，1982：519.

根据《隋书》的记载，南朝宋元嘉十三年，宋文帝下令制造浑仪，于是太史令钱乐之依照旧制用铜重铸了一台。在整个南朝，这台仪器都在不断地被使用和改进，直至隋朝灭陈朝后还被带到长安。

六年春正月甲午，皇太子加元服，王公以下赐帛各有差，孝悌力田为父后者赐爵一级，鳏寡孤独不能自存者谷人五斛……秋七月癸未，大风至自西南，广百馀步，激坏灵台候楼。甲申，仪贤堂无故自坏。景戌，临川太守骆文牙斩周迪，传首京师，枭于朱雀航。丁酉，太白昼见。

——《陈书》①

根据《陈书》的记载，南朝陈天嘉六年，陈文帝正月为皇太子举行冠礼，施恩天下。七月，一阵强劲的西南风将“灵台候楼”毁坏。这也从侧面证明南朝确实建有“灵台候楼”，但大概是由于年久失修，一场大风便抹去了它的存在。

第 2 节　明朝时期

（1）观象台的重生

1368 年正月，朱元璋建元洪武，定国号为明，以应天府（今南京）为都。时隔 700 多年，南京气象再次迎来它的“高光时刻”。南朝刘宋时期曾在山顶建立了日观台，当时这座山名叫鸡笼山，位于皇家苑囿华林园之中。鸡笼山

① 姚思廉．陈书：卷三：世祖 [M]. 北京：中华书局，1972：58-59.

地理位置优越，是整个华林园的制高点，因此具备优越的观象条件。清朝康熙皇帝南巡时曾登上山顶，并题字“旷观”，这座石碑至今还立在山头，也反映出此处空旷宽广的地貌。至中华民国时期（以下简称民国），著名气象学家竺可桢遍寻南京，最终将北极阁气象研究所的位置定在此山上，更是证明了这处选址独特的气象观测优势。

洪武十四年（1381 年），明太祖朱元璋将国子监的新址定在了鸡笼山下，又觉得鸡笼山名字不合适，于是改为鸡鸣山，意在鼓励国子监监生“鸡鸣即起，晨兴勤苦”。4 年后，明太祖于鸡鸣山上建观象台，其上安置圭表、风向针之类①。该观象台由钦天监管理，所以鸡鸣山又称为钦天山。

在这座观象台的始建时间上，研究者们的观点不尽相同。地理学家胡焕庸和气象史学者刘昭民都认为，在明朝以前，元朝就曾在钦天山上建立了观象台。1929 年，胡焕庸在同竺可桢一起在钦天山上筹建北极阁气象台时，曾写过一篇文章《钦天山观象台故址重建气象台记》，刊于《钦天山气象台落成纪念刊》，其中就提到此处观象台在元朝时期就已经存在。刘昭民在其著作《中华气象学史》中也肯定了胡焕庸教授的说法，并以《嘉庆江宁府志》中的“元至正元年建，明改为钦天山观象台”为根据，认为明朝时只是重新命名了钦天山观象台。

王鹏飞则认为，明朝才是钦天山观象台的开端。他查阅有关元朝时期的史料后，没有发现元朝曾在南京建观象台的记载。并且，根据历史考证，他认为元朝在南京建观象台一事不符合史实：其一是，元朝建都在北京而非南京。秦汉以后，清末以前，气象观测历来都是国家性质的活动，观天测象基本都活动于都城范围之内，以便随时向统治者汇报天象。元朝特殊的两都制使得其在大都（北京）和上都（内蒙古）分别设立了观象机构，因此，在南京设立观象台的可能性并不大。其二是，古今地名变化的误解，元朝天文学家郭守敬曾在全国 27 处地区放置了圭表，其中有 1 处名为“南京”，但彼时的“南京”指的是今天的河南开封，而今天所说的南京在元朝称为“集庆”。其三是，《明史》记载由郭守敬在北京所制的仪器，无法在南京使用。郭守敬

① 王鹏飞 . 王鹏飞气象史文选 [M]. 北京：气象出版社，2001：321.

所造仪器是根据北京的纬度而制作的，所以装在北京汉儿司天台上十分合适，南京的纬度远低于北京，使得仪器并不适用。至此，元朝在钦天山建立观象台之事，大抵也是不存在的。

王鹏飞通过对历史文献、方志的梳理和实地考古，对钦天山观象台的建成时间进行了考证，认为真正合乎史实的是洪武十八年在钦天山建观象台。这也是自陈朝时期“灵台候楼”因大风而倒塌之后，南京迎来的第二个国家级观象台，其间相隔了800余年。尽管如此，钦天山观象台也仍比1670年建成的英国格林威治天文台要早285年[①]。

珍贵史料：朱元璋在南京建都并设立观象机构

明太祖平元，司天监进水晶刻漏，中设二木偶人，能按时自击钲鼓。太祖以其无益而碎之。洪武十七年造观星盘。十八年，设观象台于鸡鸣山。二十四年铸浑天仪。正统二年，行在钦天监正皇甫仲和奏言：南京观象台设浑天仪、简仪、圭表以窥测七政行度，而北京乃止于齐化门城上观测，未有仪象。乞令本监官往南京，用木做造，挈赴北京，以较验北极出地高下，然后用铜别铸，庶几占测有凭。从之。明年冬，乃铸铜浑天仪、简仪于北京。

——《明史》

1368年，朱元璋就在南京称帝登基了，却等到18年后才想起要在南京建立观象机构，其中原因之一与当时社会盛行的儒家思想有关。朱元璋大力推崇儒学，儒家思想盛行，这主要是因为古代帝王在治民之术方面的需要。不过，其倡导的“修身、齐家、治国、平天下”的思想也得到了历代读书人的认可。在儒家思想的影响下，古人逐渐产生了“万般皆下品，惟有读书高”的想法。因此，在古人看来，所有行业都是低贱的，唯有读书才是正确的人生选择。在这种“读书至上”思想的影响下，古代除了读书之外的所有事情，都被认为是不务正业。最明显的例

① 蒋海宁. 南京之最：最早的观象台[EB/OL].（2022-05-17）[2022-07-08].http：//dfz.nanjing.gov.cn/gzdt/202205/t20220517_3419792.html.

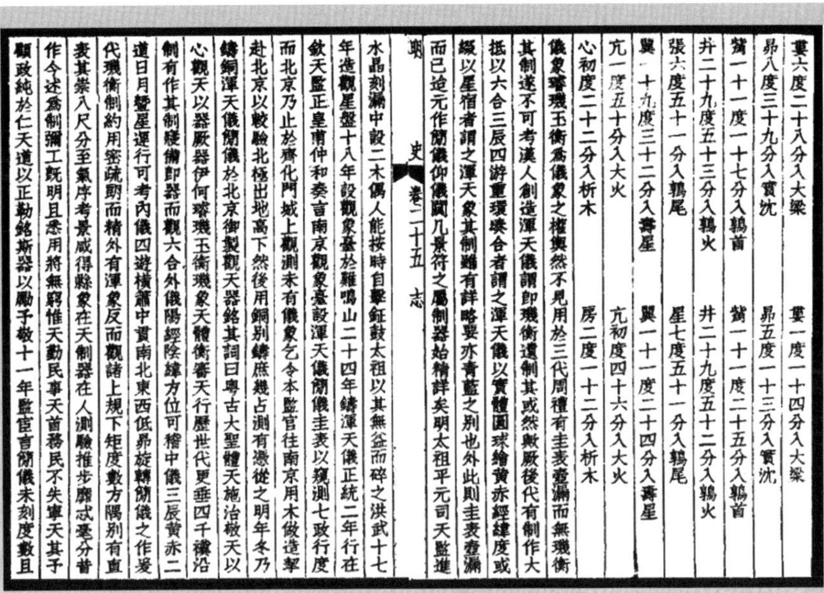

婁六度二十八分入大梁　婁一度一十四分入大梁
昴八度三十九分入實沈　昴五度一十三分入實沈
觜一十一度一十七分入鶉首　觜一十一度二十五分入鶉首
井二十九度五十三分入鶉火　井二十九度五十二分入鶉火
張六度五十一分入鶉尾　星七度五十一分入鶉尾
翼一十九度三十二分入壽星　翼一十一度二十四分入壽星
亢一度五十分入大火　亢初度四十六分入大火
心初度二十二分入析木　房二度一十二分入析木
儀象璿璣玉衡爲儀象之權輿然不見用於三代周禮有圭表壺漏而無璣衡
其制遂不可考漢人創造渾天儀謂卽璣衡遺制其或然歟厥後代有制作大
抵以六合三辰四游重環嵌合者謂之渾天儀以實體圓球繪黃赤經緯度或
綴以星宿者謂之渾天象其制雖有詳略要亦青藍之別也外此則圭表壺漏
而已迨元作簡儀仰儀闚几景符之屬制器始精詳矣明太祖平元司天監進

明史 卷二十五 志

水晶刻漏中設二木偶人能按時自擊鉦鼓太祖以其無益而碎之洪武十七
年造觀星盤十八年設觀象臺於雞鳴山二十四年鑄渾天儀正統二年行在
欽天監正皇甫仲和奏言南京觀象臺設渾天儀簡儀圭表以窺測七政行度
而北京乃止於齊化門城上觀測未有儀象乞令本監官往南京用木做造挈
赴北京以較驗北極出地高下然後用銅別鑄庶幾占測有憑從之明年冬乃
鑄銅渾天儀簡儀於北京御製觀天器銘其詞曰粵古大聖體天施治敬天以
心觀天以器厥器伊何璿璣玉衡璣象天體衡審天行歷世代更垂四千禩沿
制有作其制寖備卽器而觀六合外儀陽經陰緯方位可稽中儀三辰黃赤二
道日月暨星運行可考內儀四遊橫簫中貫南北東西低昂旋轉簡儀之作爰
代璣衡制約用密疏朗而精外有渾象反而觀諸上規下矩度數方隅別有直
表其崇八尺分至氣序考景咸得縣象在天制器在人測驗推步靡忒毫分昔
作今述爲制彌工既明且悉用將無窮惟天勤民事天首務民不失寧天其子
顯政純於仁天道以正勒銘斯器以勵子敬十一年監臣言簡儀未刻度數且

《明史》有关建造南京地区观象台和观象仪器的描述

子，就是古代的墨家弟子，他们可以说是人类早期的工程师和科学家，但是他们的发明创造，在儒家眼里都是不入流的。

古代大儒一边享受着这些“奇技淫巧”带来的生活便利，一边训斥发明人不务正业。在明朝，司天监给明太祖朱元璋呈进了一个水晶刻漏。这个刻漏制作十分精美，不仅能计时，而且能报时，绝对是融科技与手工为一体的顶级作品。如果从科学的角度上来说，这件水晶刻漏实际上是一件制作精巧的自鸣钟，在刻漏中有两个木偶小人可以按照时间的不同，自动敲击钲鼓来提醒时间。可是朱元璋在看到这件东西后却勃然大怒，认为司天监进献的这个水晶刻漏是毫无用处的“奇技淫巧”，一怒之下竟将这件发明给摔碎了。

（2）风雨未损的仪器

1368 年，朱元璋定都南京后，就将元朝在大都北京的众多观象仪器迁到了南京。据《明史》所载：“洪武十七年，造观星盘。十八年，设观象台于鸡鸣山。”这说明千里迢迢运来的郭守敬制造的天文仪器，在10余年后才被放置在观象台上。最初使用的观象仪器还十分简单，仅有圭表及风向针之类。由于北京和南京地理位置的差异，元朝制造的很多仪器在南京并不适用，明朝定都后只得重新进行仪器的配备工作[①]。又过了6年，明政府才陆续铸浑天仪以及各种观象仪器。

明末，一批西方传教士陆续进入内地，想宣传教义、吸引教众。意大利传教士利玛窦（Matteo Ricci）发现，在民间直白地宣传，很难实现在中国传教，于是他苦学汉语和研究儒家经典，又在南昌、南京与士大夫交往，传播一些对士大夫阶层来说新奇的自然科学知识。他在传教策略上的改变是成功的，获得了谒见万历皇帝的机会，并被准许留在北京。万历二十六年（1598年），传教士利玛窦重游南京时，参观了鸡鸣山观象台，发出“极叹美之”的感慨，并且认为鸡鸣山观象台的观测仪器完备精美，“纵观台宇犹及考见天球、日晷、相风杆、浑天仪、简仪诸器、观摩叹赏，得未曾有，盖明虽北迁燕都，而钦天监之利，殆远不如南京之美备，观明史天文志所载可知”。

利玛窦在札记中曾有一段对鸡鸣山观象台较为翔实的记述：“南京也设有钦天监观星台，此台以建筑宏伟著称。城之一隅有小山岗，然仍处于城墙之内。上有平台，宽阔宏敞，颇适于观测之用。四周屋宇壮丽，乃昔年所建。天者夜夜鹄立于此，以察天象，无论星陨、彗孛，皆详记奏闻。所陈仪器皆铸以青铜，制作精美，装饰华丽，宏伟雅致非欧洲所能匹敌。且诸器屹立于此垂250年，几经风霜雨雪，迄无所损。”[②]这反映出当时南京鸡鸣山观象台的设备颇为齐全，已具有相当的规模，为欧洲所不及[③]。在建造并使用250年以后，鸡鸣山观象台尚如此宏伟，可见该观象台之规模。

明永乐帝迁都北京后，钦天山观象不复。清康熙七年（1668年），清皇室把观象台的仪器都运往北京，钦天山上仅存废墟。

---

① 王鹏飞．王鹏飞气象史文选 [M]. 北京：气象出版社，2001：322.

② 温克刚．中国气象史 [M]. 北京：气象出版社，2004：283-384.

③ 吴增祥．中国近代气象台站 [M]. 北京：气象出版社，2007：6.

（3）延续百年的钦天监

负责观察天文星象与制定历法的官员，在中国古代职官系统中都处在一个微妙的位置上。一方面，他们辛劳地观天测象、占候天象、制定历法，展现出进步的科研人员面貌；另一方面，他们还得掌记灾祥、预卜政事、维护统治阶级的正统性，成为封建政治的重要一环。

元朝统治濒临崩溃之际，朱元璋在农民起义军中脱颖而出，于元至正十六年（1356 年）攻下集庆路（今南京），改名应天府，还在这里设置了太史监，主管观象工作。太史监下属职官设有“太史令，通判太史监事，佥判太史监事，校事郎，五官正，灵台郎，保章正、副，挈壶正，掌历，管勾等官”①。元至正二十四年（1364 年），朱元璋自立为吴王，“吴元年改监为院，秩正三品”，增设典簿、雨暘司、时叙郎、纪候郎等官职。

1368 年，朱元璋建元洪武，定国号为明，定都应天府（今南京）。他又将太史院改为司天监：“设监令一人，正三品，少监二人，正四品，监丞一人，正六品，主簿一人，正七品，主事一人，正八品，五官正五人，正五品，五官副五人，正六品，灵台郎二人，正七品，保章正二人，从七品，监候三人，正八品，司辰八人，正九品，漏刻博士六人，从九品。又置回回司天监，设监令一人，正四品，少监二人，正五品，监丞二人，正六品。”明洪武三年（1370 年），将司天监改为钦天监：“设天文、漏克、大统历、回回历四科，以监令、少监统之。”明洪武二十二年（1389 年），将监令、监承分别改为监正、监副。自此，钦天监的机构设置终于固定，并一直延续到清朝。

据《明史》记载，钦天监的各官职人数和品阶设有：“监正一人，正五品，监副二人，正六品。其属，主簿厅，主簿一人，正八品，春、夏中、秋、冬官正各一人，正六品，五官灵台郎八人，从七品，后革四人，五官保章正二人，正八品，后革一人，五官挈壶正二人，从八品，后革一人，五官监候三人，正九品，后革一人，五官司历二人，正九品，五官司晨八人，从九品，

① 张廷玉，等. 明史：卷七十四：职官志三 [M]. 北京：中华书局，1974：1811.

后革六人，漏刻博士六人，从九品，后革五人。”①

钦天监中最多时有40人，他们分别负责什么工作呢？“监正、副掌察天文，定历数、占候、推步之事。凡日月、星辰、风云气色，率其属而测候焉。有变异，密疏以闻”“五官正推历法，定四时。司历、监候佐之，灵台郎辨日月星辰之躔次、分野，以占候天文之变。观象台四面，面四天文生，轮司测候。保章正专志天文之变，定其吉凶之占。挈壶正知刻漏。孔壶为漏，浮箭为刻，以考中星昏旦之次。漏刻博士定时以漏，换时以牌，报更以鼓，警晨昏以钟鼓。司晨佐之”。显然，明朝观象机构在人员设置方面较南朝时期更加精细化。监正和监副三人处在钦天监权力金字塔的顶端，负责总领全局，确定历法、预测吉凶，若天生异象，就写密报上奏。其他职官负责更为具体的观测事务，比如挈壶正就兼职报时员，当时的时钟叫漏刻，漏是底部有一孔的铜壶，壶中立着一根带有刻度的浮标，挈壶正从浮标中可以读出时间，以确定各种星象出现的时间、次序。

明朝时期观象机构和官职表

年份	机构	职位	品级
1356年	太史监	太史令、通判太史监事、佥判太史监事、校事郎、五官正、灵台郎、保章正/副、挈壶正、掌历、管勾	
1364年	太史院（前太史监）	典薄（增设）、雨旸司（增设）、时叙郎（增设）、纪候郎（增设）	
1368年	司天监	监令	正三品
		少监	正四品
		五官正	正五品
		监丞	正六品
		五官副	正六品
		主簿	正七品
		灵台郎	正七品

① 张廷玉，等．明史：卷七十四：职官志三[M]．北京：中华书局，1974：1810.

续表

年份	机构	职位	品级
1368 年	司天监	保章正	从七品
		主事	正八品
		监候	正八品
		司辰	正九品
		漏刻博士	从九品
	回回司天监	监令	正四品
		少监	正五品
		监丞	正六品
1370 年	钦天监	监正	正五品
		监副	正六品
		春、夏中、秋、冬官正	正六品
		五官灵台郎	从七品
		主簿	正八品
		五官保章正	正八品
		五官挈壶正	从八品
		五官监候	正九品
		五官司历	正九品
		五官司晨	从九品
		漏刻博士	从九品

第3节 清朝时期

(1) 废旧历创新历

18世纪后半叶，中国最后一个封建王朝——清朝走上了衰败的道路，吏治日益腐败，官员们营私舞弊、贪污勒索的行为让人民的生活十分悲惨。鸦片战争后，西方资本主义国家向中国大量倾销商品，国内传统手工业受到极大冲击。为了支付巨额的战费、赔款，清政府和各级官员的搜刮行为变本加厉。同时，黄河流域和长江流域各省份都连续遭遇严重的水旱灾害，两广地区水、旱、蝗灾不断。大批百姓在这样的天灾人祸下，陷入失业、破产、饥饿、死亡的绝望境地。

各地的反抗势力并起，鸦片战争后10年内的起义活动就多达百余次。洪秀全、冯云山等创立的拜上帝会因其明确的纲领和严密的组织，从广西紫荆山山区中走出来，影响力逐渐扩大。1851年1月11日，洪秀全在广西金田正式宣布起义，建号太平天国。1853年，凤仪门被轰开了一个二余丈的缺口，太平天国的“天兵”们如潮水般涌入南京城，改“南京”为“天京”，这座城又一次成为都城，形成与清政府对峙的局面。

由于洪秀全等太平天国的领袖和成员多为贫苦农民出身，因此十分关心农业生产。而古代农业生产与气象的联系之紧密自然不必多说，所以他们很注重气象事业的发展，以适应农业生产的需要。1851年金田起义时，太平天国就宣布废除旧历，由冯云山创制新历（亦称天历或太平新历），定每年为366日，1年12月，单月31日，双月30日，无闰月。从1852年起每年颁布新历，这种新历很近似于今天的阳历。

此外，在太平天国颁发的历书上，删去了旧历书中的“吉凶禁忌”，并根据南京等地物候记录，从 1859 年 10 月起，命史官作月令（当时称萌芽月令）[①]，把当年的气候变化、植物生长情况以及有关农业生产的知识附在下一年的历书中作物候历，为农业生产提供参考。这确实是加强农业生产的一大革新，同时也说明太平天国时期已经开始进行物候观测了。1861 年所颁天王诏旨中提到：“特命史官作月令，钦将天历记分明，每年节气通记录，草木萌芽在何辰。每四十年一核对，裁定耕种便于民，立春迟早斡年定，迟减早加作典型，立春迟早看萌芽，耕种视此总无差。每年萌芽记节气，四十年对斡减加，立春迟些斡年减，早些斡加气候嘉，无迟无早念八定，永远天历颁天涯。”

以上这些均说明，太平天国创制的天历累积长时间的观测记录，用物候定节气、裁定农时，并且每 40 年进行核对修订，以便于更好地服务生产。这种与物候农事相适应的历法，是值得称道的。

（2）建高台设风旗

太平天国定都南京后，为了获得民众的信任，在南京地区展开了气象观测，并且向民众提供“天气预报”。汪坤的《盾鼻随闻录》曾详细地记述了有关太平天国进京时的各种史料，《盾鼻随闻录•金陵纪事杂咏》吴家桢所写的一首诗中说道：“高台百尺入青云，天父传言下界闻，第一惑人藏幻术，阴晴三日预先分。”可见，太平天国开始预测未来三日的天气情况了，那么如何告诉民众预测情况呢?

在《盾鼻随闻录》另一部分记载道：“凡遇阴晴，三日前遍挂‘伪’牌，其应如响，诡称天父下界告知，实则有‘伪’军师精占课，‘愚’民骇异，诧为真有神灵，倾信益众。”“伪”是指太平天国政府，“‘愚’民”是指臣服于太平天国的民众。因此，太平天国预报天气的方式是提前三日挂牌，通告群众，且预报结果也比较准确。

---

① 洪世年，陈文言．中国农书丛刊气象之部 中国气象史 [M]. 北京：农业出版社，1983：99.

以往的天文星象都是秘术，普通民众往往无法知晓。此举打破了百姓的信息壁垒，且准确的天气预报收获了民众的信任。太平天国的领袖之一李秀成被俘后，在他所写的自白书中曾提到："来在天朝，蒙师教训，可悉天文。"古代天文学涵盖了气象知识，太平天国的领袖会学习、了解天气变化知识，太平天国对气象的重视可见一斑。

太平天国时期对风的观测是相当重视的，其每日观测并记录起风的情况。清末《金陵杂记》中有对于"觇风记簿"的记载："令各船逐日沿途登簿，每日何风？舟舶何处？行程若干？到省时先在正'伪'疏附衙查对，逐日风簿不对不收。此时正'伪'疏附又令在汉西门（今南京汉中门）内添扎馆，竖立定风旗，派人逐日觇风登簿，专司稽查收文，……，并'伪'丞相、检点、指挥，'伪'衙内均立风旗，亦有人专司觇风记簿。""疏附衙"是太平天国在南京建立的通信机构，水陆都有设立，用于传递文报，负责通信的人员称为疏附。无论在送文报的班船上，还是南京城内机关和官员的衙门上，均立有风旗，对风进行观测，并设专簿记载下来。可见，测风在太平天国时期已经是较为普遍的气象观测行动了。

由太平天国对气象事业的重视程度可以推断，《盾鼻随闻录》中所说的"高台百尺"，很可能是较大的气象台，就像南朝时期的"灵台"，台上建有"候楼"，以作观测之用。太平天国运动最后以失败告终，但就我国气象的发展而言，太平天国开启了面向群众的气象，在我国气象史中留下了很有影响力的篇章。

第 2 章

纵览古籍知晴雨

我国古代社会一直都以农业为立身之本，古人对气候的最大愿望就是“风调雨顺”，希望通过观察气象现象探寻其中的规律，从而提高农业生产的效率。

囿于古代天人关系的认知局限，气象典籍和记录往往只能被少数的上位者和相关人员接触。再次掀开尘封已久的古代气象记录后，你或许会惊讶于古人的“先进”。那些奇形怪状的甲骨文中藏了哪些秘密？一封封皇帝案头的奏章里汇报了什么信息？人们口口相传的气象农谚只是信口胡说的吗？试试在本章里一起探寻答案。

第 1 节　甲骨文中的气象

商朝人相信世界由“帝”神创造，世间万物也都受其管理，商王只是“受命于天”，代为执行“帝”神的旨意。神通过自然界的风雨雷电等现象表达自己的好恶，商王则通过占卜来接收神的命令。这种“天命观”在中国封建社会不断传承，对维系古代社会秩序起着重要作用。

由于社会生产力的发展，一部分人得以从单纯的劳动生产中脱离出来，这些知识分子为古代科学文化的发展奠定了基础。目前，已发现的商朝文字就有甲骨文、陶文、玉石文、金文几种。其中，为大家所熟知的甲骨文是一种相当成熟的文字，单字超 4000 个，文字结构上兼备了“六书”，即象形、指事、形声等六种造字方法。

甲骨文指的是契刻在龟甲兽骨上的卜辞和记事古汉字，其主要功能就是商王室用于占卜凶吉。商朝统治者们相当迷信，上到国家大事，下至个人生活，事事占卜以求了解神的意志和事情的吉凶，根据占卜结果再决定是否行动。对于这样的“头等大事”，商王设立了专门的机构和卜官进行管理，刻有卜辞的甲骨也作为国家的档案保存起来。先将所问之事刻在甲骨上，然后在甲骨上钻出一些小坑放入火中加热，最后由卜官进行释读。若占卜结果显示“凶”，这件事就坚决不做。

这些甲骨卜辞是研究商朝历史珍贵的资料，其中有不少关于天气实况的记录。当时的人们已经产生了预知天气状况的需求，常常卜问未来十天的天气（称“卜旬”），并把实际的天气情况记录下来，对占卜结果进行验证。在著名的商朝遗址——殷墟中，研究人员发现了 10 万多件甲骨，其中有数千件是与求雨或求雪有关的。在能确定日期的甲骨中，有 137 件是求雨雪的，有 14 件是记载降雨的。[①] 据张德二研究员的分析，甲骨卜辞中包含的气象内容种类繁多，不仅有风云雷电雨、阴晴等基本天气现象的记录，还有视程障碍、大气光学现象、季节等内容。因此，卜辞既可以视为中国最早的天气预报，也是中国最早的气象知识文字载体。

甲骨文和南京之间有着颇深的渊源。民国时期，在南京办公的中央研究院历史语言研究所（现为中国科学院南京地质古生物研究所的办公地点）的一项重要工作就是安阳殷墟的发掘和甲骨文的研究。1928—1937 年，10 年间 15 次发掘所得的甲骨文均集中在这里，并在此进行了室内甲骨文发掘工作。

1936 年 3 月，第 13 次发掘工作发现了 YH127 甲骨窖穴（Y 表示殷墟，H 表示灰坑），出土甲骨 17000 余片，是 15 次发掘工作中出土甲骨最多的一次。由于窖穴狭小，大龟板一片挨着一片，研究人员只得将坑壁打开了一个大口，把甲骨坑变成甲骨柱，装入一个大木箱中，留待室内进一步发掘。研究人员费了九牛二虎之力才把甲骨柱装箱，这个大箱子耗费了 3 个月才被运到南京。甲骨柱在安阳只发掘了 1 层，在南京则发掘了 5 层；甲骨在安阳出

① 竺可桢．中国近五千年来气候变迁的初步研究 [J]. 考古学报，1972（1）：15-38.

土不超过 5000 片，在南京却发现了 12000 余片。安阳所出不足三分之一，南京所出则超过了三分之二，可以说大批甲骨是在南京出土的[①]。

令人惋惜的是，中央研究院历史语言研究所在中华人民共和国成立前夕迁往台湾，许多珍贵资料都被带走。因此，留在南京的档案资料少之又少，当时的甲骨文解读工作进展、此中的内容有多少与气象有关也无从得知了。

南京博物院目前收藏了 3000 多件殷商甲骨，其中的近两成来自加拿大传教士明义士的旧藏，其余的近 1000 件来自各方面的捐赠、移交以及收购所得。这些甲骨文中还藏着哪些气象相关的秘密？还有很多尚未解开的谜题。希望在不远的未来，掀开尘封已久的历史画卷，重现神秘的殷商时代。

珍贵史料：甲骨文中的天气记录

【命辞】中日至，昃不雨。

食日，至中，日不雨。

【占辞】自旦至，食日，不雨。

【验辞】弜田，其遘，大雨。

殷商的统治者天命观很强，无论做什么事，都要占卜一番，几乎是无事不卜、无时不卜，其目的是得到上天保佑和赐福。甲骨是当时的占卜材料，甲指的是乌龟的甲背或腹甲，骨指的是牛的肩胛骨或其他兽骨。

在已经释读出的甲骨上记录了一件商朝“天气预报”的趣事：“中日至，昃不雨。食日，至中，日不雨。自旦至，食日，不雨。弜田，其遘，大雨。”一天，商王打算外出捕猎，于是卜问当天是否会下雨，卜辞显示不会下雨，结果当天商王狩猎时却遇上了一场大雨。

对于这份“天气预报”，可以这样理解：

【提问】商王当日外出，下午会下雨吗？

① 徐自学. 南京与甲骨文——纪念殷墟甲骨文 YH127 坑在南京室内发掘 68 周年 [C]// 台湾学术研讨会论文集，2004：2-11.

商王当日外出，上午会下雨吗？

【预测】占卜结果是当天不会下雨。

【验证】商王狩猎时遇上了大雨。

显然，这是一份不准确的甲骨占卜，更是一份有误的天气预报。然而，这份有误的预报不仅使得商王淋了大雨，还被记录了下来。商王亲自“打假”，只怕负责占卜的巫师需要为此付出不小的代价。

第2节　南京古代气象灾害记录

（1）三国时期至元朝时期

我国幅员辽阔，享受着丰富的物产资源的同时，也承受着各种自然灾害的侵袭，古代文献中常见各类气象灾害的记录，如水灾、旱灾、雪灾等，沿海地区还可能面临海洋气象灾害带来的各种破坏。古人在面对气象灾害时，无法像现代人一样采取技术手段提早获得预警，灾害的来临往往就是不测之祸。

那么古代的人们是如何应对的呢？《三国志·吴志》记载了当时的夷州人（古越人的一支）经常渡海到会稽（今绍兴）“货布”，贩卖他们织造的细布、斑纹布。临海郡（今浙江临海县）的不少人经常在海上作业，每每遇到风暴就到夷州避难，久而久之就有人干脆移居夷州。可见，古人采取的往往是“惹不起就躲”的被动策略。

可惜，《三国志》对三国时期其他类似气象事件的记载都语焉不详。但据《隋书·经籍志》，魏晋时期的记载其实相当丰富，只可惜兵荒马乱之间大量的典籍散佚，至隋朝统一全国后所存书卷已不足半数。隋朝本身的气象记录也比较有限，仅天文、历数、五行占书书籍中可能收录。

作为南朝中“最短命”的王朝——南齐，《南齐书》虽然是“二十四史”中记录时段最短的，但在气象记录上却比较丰富。“(永明)八年十月壬申，夜土雾竟天，浓厚勃勃如火烟，气入人眼鼻，至九日辰时开除”。这段记录中的“土雾”即“霾”，土在空气中像雾一般，遮天蔽日，几日没有消散，路上的人们都遮面而行。没想到南齐时的人们就有了面对雾 / 霾天的烦恼！

我国修史的传统是“隔代修史，当代修志”，官方编写前朝的史书时会对材料进行筛选和调整。元朝在修《辽史》时将观象相关记载划在《历象志》中，只记录了观象工作，未收录具体的观象事件，而风云、雨雪等则在历朝皇帝的传记之中有所提及。

珍贵史料：《辽史》关于气象记录的记载

司马迁天官书既以具录，后世保章守侯，无出三家官星之外者，天象昭垂，历代不易，而汉、晋、隋、唐之书累志天文，近于衍矣。且天象机祥，律格有禁，书于胜国之史，诖误学者，不宜书。其日食、星变、风云、震雪之祥，具载帝纪，不复书。

——《辽史》①

从上述史料中可以看出，并不是古人不重视对观象的记录，恰恰相反，自汉朝至唐朝的关于观象情况的记录已经不可胜数。一方面，观象事件记载过多、过乱，难以整理；另一方面，封建社会性质决定了对天人关系认识的局限，天象之事也注定需要保密。这也印证了古代天象是一门秘学，以及天象与帝王权力象征的关联性。

气候学家张德二研究员带领课题组人员历十载寒暑，整理了8828种古籍，最终完成《中国三千年气象记录总集》一书。我国的古籍浩如烟海，因此书中对于古籍的挖掘和整理还存在一定疏漏，不过，无可否认的是，此书已经

① 脱脱．辽史：卷四十四：历象志 [M]. 北京：中华书局，1974：679.

囊括了我国上下三千年绝大多数的气象灾害记录。该书中关于南京的气象灾害记录共807条，其中三国时期12条，晋代192条，五代十国南唐时期3条，唐朝1条，宋朝78条，元朝9条，明朝371条，清朝141条。

书中关于南京地区最早的气象灾害记录来自《资治通鉴·魏纪》，记录了三国时期因一场大风而未能成行的军事行动。公元224年，九月，魏文帝曹丕亲率大军来到广陵（今江苏扬州），准备攻打吴国。当曹丕乘坐龙舟准备过江时，狂风不止，大风卷起江面，大浪导致龙舟上下颠簸，几乎要把龙舟掀翻。就这样，曹丕在江边驻军多日，始终没有找到合适时机渡江，最后只得无奈撤军。曹丕慨叹道："魏虽有武骑千群，无所用之，未可图也。"时隔一年，曹丕再率水军准备大举攻吴，然而这一次依旧遇到了气象这个"拦路虎"。据《三国志·魏书·文帝纪》记载，曹丕十月又一次来到广陵，10万人的军队列队江边，场面极为震撼。只可惜江面结冰，船只无法下水，曹丕对着波涛汹涌的大江感叹道："嗟乎，固天所以限南北也！"然后，败兴而归。对岸的吴军看着泱泱魏军，组织了一支500人的队伍抄近道夜袭，将魏军洗劫一番。在这场让人啼笑皆非的事件中，吴国或许才是"天选之子"吧！

晋朝时期，一般称南京为"建邺"或"京师"，但在这一时期的不少记录中又称南京为"石头"，即石头城。并且每一条"石头"的记载都表述为"涛水入石头"，意即整座南京城都被淹没在水中。这样规模的水灾大多发生在十二月，也有二月和六七月发生的记录。这般严重的水灾必然给南京百姓的生活带来极大的破坏，甚至出现"死者数百人"以及"商旅方舟万计，漂败流断，骸胔相望"的惨状。

《资治通鉴·唐纪》记载："五月丙寅，禁天下屠杀及捕鱼虾。江淮旱，饥，民不得采鱼虾，饿死者甚众。"周武则天长寿元年五月，一向富庶的江淮地区发生旱灾，导致很多民众被饿死。

宋朝先后定都开封府和临安城（今浙江杭州），彼时称南京为"建康府"。南京作为都城的光环消失后，发生的气象灾害也大多与其他地区合并记录。如《宋史·五行志》中记录，宋淳熙七年的夏天，包含南京在内的27处地区发生大旱，民众纷纷向上天祈雨。

珍贵史料：南宋时期南京发生大旱和祈雨

（淳熙）七年，湖南春旱，诸道自四月不雨，行都自七月不雨，皆至于九月。绍兴、隆兴、建康、江陵府……皆大旱……祷雨于天地、宗庙、社稷、山川群望。

——《宋史·五行志》①

《宋史》中记载了当时国内发生大规模干旱，其中就包括了建康，也就是今天的南京。连续几个月不下雨，导致民不聊生，手足无措的古人只好在各处诚心地祈求天降甘霖。

1271 年，忽必烈正式建立“大元”，这是中国历史上第一个由少数民族建立的大一统王朝，其疆域是历代之最。然而，在这个繁盛王朝的中后期，各种气候灾害频发，全国各地经常出现饥荒。《元史·武宗纪》中记载了至大元年正月，发生在南京的一次饥荒：“正月己巳，绍兴、台州、庆元、广德、建康、镇江六路饥，死者甚众，饥户四十六万有奇，户月给米六斗，以没入朱清、张碹物货隶徽政院者，鬻钞三十万锭赈之。”历史上，元朝频繁发生水旱灾害、蝗灾、地震等自然灾害，随之发生的便是连年的饥荒，导致全国范围内众多流民产生。元朝廷未能妥善解决流民问题，这也是元朝国祚短促的重要因素之一②。

（2）明清时期

明清两朝作为中国古代的尾声，是古代气象科学的集大成者。一方面，其官方观测机构和人员都更加完备；另一方面，民间也涌现出一批对气象感兴趣的人士，结合亲身观察和研究，留下了相当可观的文字资料。

明朝，南京地区最早的气象灾害记录来自《明太祖洪武实录》第二十五卷，南京曾在正月时连续多日下雨下雪，天气阴冷难忍。时值朱元璋称帝之

① 脱脱 . 宋史：卷十九：五行志 [M]. 北京：中华书局，1977：1443.

② 苏力 . 近年来元代灾害史研究概况 [J]. 农业考古，2012，124（6）：96-102.

际，不久之后就在钟山举行了正式仪式，昭告“上帝”和天下。几天后，天气居然转好了，在古代，这次事件被认为是上天对朱元璋的认可，打消了不少人对明政权的质疑。

珍贵史料：朱元璋登基的天气吉象

正月四日，于钟山之阳设坛备仪，昭告上帝皇祇……自壬戌以来，连日雨雪阴沍，至正月朔旦，雪霁，粤三日省牲，云阴悉敛，日光皓然。暨行礼，天宇廓清，星纬明朗，众皆欣悦。

——《明太祖洪武实录》

《明太祖洪武实录》中记录了朱元璋的登基过程。古代认为天气是上天好恶的直接反映，恶劣的天气被视为不祥之兆。可是，就在朱元璋登钟山（现南京紫金山）设坛，将自己的登基昭告上天后，正月连日的降雨渐停，雪也开始消融，从此天清气朗。

明朝的雷电气象记录出现频次相当高，在前述搜集的 371 条明朝南京气象灾害记录中，就有 65 条与雷电相关，且往往造成了严重的损失。如《明英宗实录》中记载，正统十二年（1447 年）九月，南京的雷雨使得山川坛宫殿起火，殿内乐器都毁于这场火灾之中。景泰七年（1456 年）七月的又一次雷雨中，“倒霉的”山川坛遭雷击，宫殿两廊受损。1451 年，二月甲申，兵部尚书于谦言：昨者靖远伯王骥奏，南京雷雨击损大报恩寺等塔”。《明孝宗实录》中记载：“二年四月庚子日，雷又击毁神乐观祖师殿。”除建筑群受损外，明朝还有官吏在祭祀过程中被雷击中而死的情况。《明武宗实录》中记载，1517 年，“八月癸亥，是夜，南京祭历代帝王，风雨大作，雷震死斋房吏”。

珍贵史料：明朝冬季雷电记录

正月辛亥，给事中马子聪等言：去岁十月以来，雨雪连旬，阴云蔽日，十二月初二日夜，雷电震耀，风雨交作，林木拔起无数，而独于孝陵为多，民居破坏，商贾罢市。夫雷当以八月收声，隆冬盛寒忽有此异，其所感召必有由然。

——《明孝宗实录》

明朝不仅有夏季的雷雨记录，也有在冬季的记录。这次雷电发生在深冬时节，夜间突然掀起狂风暴雨，雷电交织，孝陵周边大量树木被连根拔起，周遭的房屋遭到破坏，导致商业活动不得不中断。通常见于夏季的雷电现象，竟然罕见地出现在了寒冬时节，这一异常现象被视为是某种神秘的征兆。

清朝官方也修撰有编年体史书《清实录》，相较于《明实录》中丰富的南京相关记录，《清实录》记载的南京气象灾害则相形见绌。其时南京的 141 条气象灾害记录超过半数来源于民国时期编撰的《首都志》和《江苏备志稿》，时间上的滞后会影响资料的可信度，并且内容上也多有重复，仅少数来自清朝时期编撰的地方志，如康熙时期的《江宁府志》、乾隆时期的《上元县志》、嘉庆时期的《新修江宁府志》、同治和光绪时期的《续纂江宁府志》等。

第 3 节　南京古代气象档案

（1）雨泽奏报制度

农业是“天、地、人”三者的相互成就，勤恳的耕者、肥沃的土地、适宜的天气缺一不可。天气中，雨水又是主要影响因素，尤其在季风气候区，过多或过少的降水都会对收成造成致命打击。农业作为中国古代的立身之本，“风调雨顺”往往会与“国泰民安”联系起来。由于降水的多寡与国计民生关系紧密，自秦朝开始就有了雨泽奏报制度的萌芽，其后历朝历代的奏报也展现出多种多样的面貌。

雨泽奏报虽然早在秦朝就有萌芽，自秦汉以来形成“上雨泽”的惯例，州县一级官员必须定期上报当地的降水情况，以供统治者了解各地是否风调雨顺。

宋仁宗曾要求天下各州每隔 10 天上报雨雪情况，但执行情况不佳。宋英宗时期，连年发生旱灾，为了更加细致地了解各地的情况，宰相司马光提议通过询问四方进京的官员，了解全国各地雨水、禾苗的情况。这个建议被皇帝采纳，至宋神宗这一举措也被延续了下来。降水情况既然得到了皇帝的重视，各地官员也不敢懈怠，各州郡纷纷开始雨量观测活动。

元朝北方游牧民族入主中原，在吸收和适应了农耕文化后，对雨泽奏报制度保留了下来，存有要求各地报雨泽情况的诏书记录。元朝中统五年（1264 年）八月诏书要求：“雨泽分数，每月一次申部。”另有《至元新格》规定，州县官要“劝农桑，验雨泽……月申省部”①。

明朝对雨泽奏报的重视程度是很高的。明朝开国后，明太祖朱元璋就下令天下州县按月奏报雨泽，并规定雨泽奏报的规范样式《雨泽奏本式》，需要写明下雨的起止时间、地点、雨水入土深度（即对雨量的量度）。但废除丞相一职后，皇帝的工作量大幅提升，很多雨泽奏报都堆积在通政使司无人处理。明仁宗即位后，通政司提出，要把雨泽奏章的保管工作推给给事中。仁宗大为不满，宣布以后的雨泽奏报直接呈上案头，由自己直接批阅。

珍贵史料：明朝的雨泽奏报

明朝嘉靖二十年五月，李中上奏的《雨泽疏》中记录了山东布政使司各地的降雨情况，其内容和形式是明朝《雨泽奏本式》的一份规范样式。

题为雨泽事。卷查先该臣见得山东地方自去岁以及今春冬雪未降，春雨全无，麦苗槁枯，五谷难播，兼以狂风若飓，赤地无根，乡市萧

① 王培华．中国古代灾害志的演变及其价值 [J]. 中州学刊，1999（5）：115-120.

条，民不堪命。于是臣于嘉靖二十年三月十八日案行山东都、布、按三司，转行所属府州县卫等衙门……又于本年五月二十一日到于济宁州会议河道事宜……本月二十二日，据兖州府申称：本年五月十六日寅时降微雨至卯时，入土五分；十七日未时降雨至申时止，入土一寸八分。汶上县申称：本年五月十七日未时正一刻落雨至本日申时初一刻止，入土三寸一分。邹县申称：本年五月二十三日亥时落雨至二十四日卯时止，入土四寸五分。泗水县申称：本年五月二十三日夜丑时雨降至二十四日辰时止，入土四寸五分。……本月二十三日夜雨倾盆至天明二十四日巳时方止，雨水相接，泉脉潜通，滞涩者渐盛……缘系雨泽事，理为此具本。谨具题知。

明清两代各地呈上的雨泽奏报本应很多，但有相当一部分都已散佚。现存较多的是北京、杭州、苏州、江宁（现南京）的雨泽记录，以清朝北京地区的晴雨录最为连续、完整。1724—1903 年的每一次下雨的日期、时辰和雨水入土分寸都有详细记录，给后人研究古代气象留下了宝贵的记录资料。

纵观古代气象发展历史，对雨泽奏报形成了较为系统的奏报体系。观象台通常建立在都城，城内的天气情况当天便能送到皇帝手中，那么都城以外的天气由谁来观测和记载，最后如何传递到中央交奏报皇帝呢？

以雨泽奏报为例，在秦朝，地方雨情由郡县记录。若郡县离都城比较近，那只需要派一名脚程快的人去送奏报。若距离都城较远，就要依靠驿站传送。奏报内容为用锄头挖土所测得的湿土深度，用这种直观的方式表示降水量，下雪则奏报地面积雪深度[①]。

宋朝前期，采取由下至上层层上报的方式，由各县记录雨情，县级政区上报更高一级的统县政区，再由统县政区上报中央。这种方式虽然看似井然有序，但繁琐的层级传递容易出现延误的情况，使雨泽奏报失去意义。于是，后期改由司农寺统一收纳和奏报。这样一来确实省事儿不少，但新的问题出现了，司农寺单个部门无法处理海量的雨泽信息。因此，政府再次调整，雨

① 黄卫. 一只早飞千年的鸟 [M]. 北京：清华大学出版社，2022：82.

泽奏报改由统县政区记录整理，上报转运司或提点刑狱司，再交给司农寺[①]。通过先对信息进行筛选、整理，减轻司农寺的负担并提高执行效率。

明朝负责记录雨情的人员叫“阴阳生”，所属机构为“阴阳学”。阴阳学属钦天监，其职责之一就是在官员的带领下由阴阳生负责具体的雨泽观测和申报，雨泽情况由钦天监上报中央。除阴阳学外，每月有州县长吏汇总雨泽情况上报通政司，通政司与钦天监属平级关系，相互合作的同时也相互制约[②]。

清朝雨泽奏报分为经常性奏报和不规则奏报两种形式。经常性奏报按章程执行，先由州县呈报府，再由府报省，最后由省而达中央。不规则奏报则没有固定的程序，也没有固定的格式。各地官吏向皇帝奏事或请安时，可顺便奏报当地或途经地区的雨泽情况，或者专折陈报[③]。

珍贵史料：清朝皇帝对雨泽奏报的批阅

奏折一

上折时间：乾隆五年十一月初四

上折官员：江宁织造 李英

上折内容:《奏报江宁地方本年十一月初得雨雪日期分寸事》[④]

奴才于十月初六日到江宁任所查，今岁江省秋成俱属，豊稔庄稼早毕，大半种麦，但自八月十六日至十月，天气皆属晴明未免干燥。今喜于冬至前十一月初一夜亥刻雨雪，初二初三雨昼夜俱连绵，普霈消融入土约四五寸不等，至初四日寅刻，晴霁消融入土约四五寸不等，至初四日寅刻晴霁，于已种之麦大有裨益。

皇帝朱批：“欣悦览之。”

---

① 刘炳涛 . 宋代的雨泽奏报制度及其评估 [J]. 兰台世界，2015（36）：22-24.

② 刘炳涛 . 明代雨泽奏报制度的实施 [J]. 历史档案，2015（4）：115-118.

③ 刘炳涛 . 清代雨泽奏报制度 [J]. 历史档案，2017（2）：70-78.

④ 中国第一历史档案馆藏宫中档朱批奏折，档案号：04-01-24-0012-044，奏报江宁地方本年十一月初得雨雪日期分寸事，乾隆五年十一月初四日。

奏折二

上折时间：乾隆六年八月十八日

上折官员：署理两江总督 杨起曾

上折内容：《奏为钦奉上谕陈明江宁地方雨泽实在情形及奏报迟滞缘由事》①

圣衷时时以民事为先务，本年六月内江宁镇江二府属地方雨泽稀少……江镇二府，虽雨泽濡连，而一月之间，或此处得雨彼处旱乾，或仅一二寸及数分不等，但未能普遍霑足，原不至全然缺雨……

皇帝朱批：“览。”

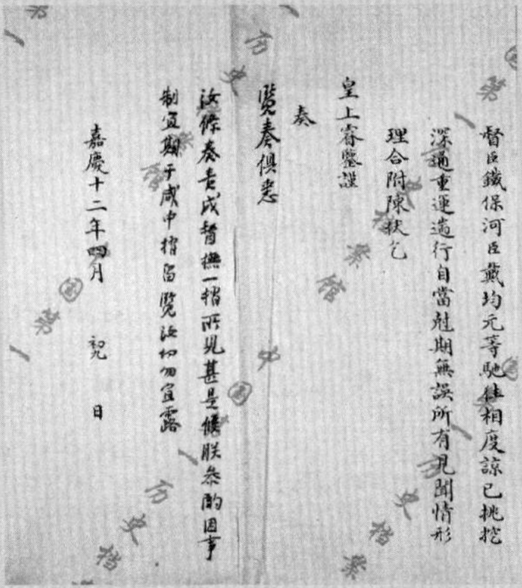

嘉庆十二年四月嘉庆皇帝朱批②

（2）晴雨录

晴雨录是清朝对降水情况逐日逐时的记录，全称晴明风雨录，又称晴雨册、晴雨日期册。目前，保存在中国第一历史档案馆的清钦天监晴雨录起于雍正二年（1724 年），止于光绪二十九年（1903 年），期间缺少嘉庆十五

① 中国第一历史档案馆藏宫中档朱批奏折. 档案号：04-01-24-0012-044. [Z] 奏为钦奉上谕陈明江宁地方雨泽实在情形及奏报迟滞缘由事 . 乾隆六年八月十八日 .

② 中国第一历史档案馆藏宫中档朱批奏折. 档案号：04-01-38-0116-006. [Z] 奏为按试江宁等属科试已周及经过地方雨泽禾苗各情形事 . 嘉庆十二年四月九日 .

年（1810年）、道光十一年（1831年）、道光二十四年（1844年）、咸丰元年（1851年）、光绪二十四年（1898年）、光绪二十六年（1900年）这6年的记录，实际记录达到174年。

古代将一昼夜划分为12个时辰，1个时辰相当于现在的2个小时，分别为：子、丑、寅、卯、辰、巳、午、未、申、酉、戌、亥。清朝钦天监观象人员以子时（相当于现代的23时至次日01时）为一天的开始、亥时（相当于现代的21—23时）为一天的结束，详细观测、记下每日雨、雪现象的起讫时间，将雨雪划分为“大、小、细、微”等量级，逐日记载晴雨天气现象。

虽然晴雨录的记录始于雍正年间，但清钦天监此前就已开始观测记录北京地区的晴雨天气，中国第一历史档案馆和国家图书馆现在仍保存着一些康熙年间的晴雨录。除此之外，康熙朝奏折档案中也大量记录了当时北京地区的晴明风雨情形，这些奏折中的北京地区晴雨天气信息极为细致，与之后的晴雨录极为相似①。内容上，康熙要求当日记注晴雨天气现象，次日呈堂，年终奏报。

清朝内阁大库现存有钦天监黄册一类，便是康熙二十四年（1685年）山西、安徽、福建、浙江四省进呈的晴雨日期。册首载有事由云：“钦奉上谕：钦天监将京都一年内晴雨日期，年终奏闻。各省奏闻晴明风雨日期，并不增添事件，着督抚等亦于年终一年内晴明风雨日期奏闻。”此后不久，清钦天监晴雨录的上奏时间改为次年的二月初一，用满文和汉文分别誊写两本，该制度一直延续到清末。

除了钦天监外，还有其他地方机构也会递交各地的晴雨录供皇帝查阅。在江宁（现南京）地区就汇编了江宁晴雨录，仅用汉字书写，按月上报，由江宁织造呈请皇帝。关于江宁晴雨录奏折，雍正时期的现存较少，乾隆时期共存近400份，至嘉庆时期仅存几条。此后，晴雨录的上报时间逐渐拉长，一年上报一次，地区范围也逐步扩大。至光绪年间，晴雨录仅钦天监上报，且内容仅为满文。

江宁织造上报晴雨录奏折时，有时会将几个月的天气情况汇编在一份奏折中，同时呈报粮价单一份。如乾隆时期江宁织造同德上奏的《呈乾隆

① 庄国泰. 中国的世界百年气象站（三）[M]. 北京：气象出版社，2021：5.

五十五年二月三月江苏省江宁省城晴雨录单》[①]和嘉庆三年江宁织造佛保上奏的《呈嘉庆三年十一月至四年六月份江宁省城晴雨录》，都记录了多月晴雨录并附上粮价单一份。由于降水情况和作物生长、粮食收成联系紧密，此举有利于了解降水对粮价的影响情况和百姓的生活状况。

珍贵史料：乾隆时期的江宁晴雨录

江宁二月初一日晴东南风，初二日晴东南风，初三日晴东北风，初四日阴东南风，初五日晴西南风，初六日晴西北风，初七日晴东南风，初八日阴东北风夜微雪，初九日晴东南风，初十日晴东南风，十一日阴东北风晨微雨，十二日晴东南风，十三日晴东南风夜雨，十四日阴东北风酉刻雨，十五日阴东南风微雨数次，十六日阴东北风，十七日阴东北风酉刻雨，十八日阴东北风微雨数次夜复雨，十九日阴西北风雨竟日酉刻雪，二十日晴东北风，二十一日晴西南风，二十二日晴东南风，二十三日晴东南风，二十四日阴东北风未刻雨，二十五日晴东南风，二十六日晴西南风，二十七日晴东北风，二十八日晴东南风夜雨，二十九日晴东北风，三十日晴西南风。

乾隆十二年四月初一日至乾隆十二年四月六日，江宁织造吉葆奏到二月份晴雨录米粮价一对，无批照收贮记此。

——《呈乾隆十二年二月份江宁晴雨录清单》[②]

十一月初一日霜雾晴东南风夜有星，初二霜雾阴东北风未时微雨即止夜有星，初三日雾东南风夜阴，初四日霜雾晴西南风夜有星月，初五日霜雾晴东南风夜有星月，初六日雾晴东南风夜有星月，初七日雾晴东北风夜有星月，初八日雾晴东南风夜有星月，初九日晴东南风夜有星月，初十日晴西北风夜有星月，十一日阴西北风夜有星月，十二日晴东

① 原文为《呈乾隆五十五年二月三日江苏省江宁省城晴雨录单》，经内容核查为，七月同德上报，内容记录二月三月晴雨录，故改为“二月三月”。

② 中国第一历史档案馆藏宫中档朱批奏折，档案号：04-01-40-0012-029，呈乾隆十二年二月份江宁晴雨录清单，乾隆十二年四月初一日。

南风夜有星月，十三日晴东北风夜有星月，十四日阴西南风酉时微雨即止夜阴，十五日霜晴西北风夜有星月，十六日霜晴西北风夜有星月，十七日霜晴西北风夜有星月，十八日霜晴东南风夜有星月，十九日晴东南风夜有星月，二十日晴东南风夜有星月，二十一日霜晴东南风夜有星月，二十二日霜晴东南风夜有星月，二十三日霜晴西北风夜有星月，二十四日晴东南风夜有星月，二十五日晴西北风夜阴，二十六日阴西北风夜有星月，二十七日霜晴西南风夜有星月，二十八日霜晴东南风夜有星月，二十九日晴东南风夜有星月亥时微雨雪即止，三十日阴西北风午时细雨起戌时雨止亥时微雪。

——《呈乾隆二十年十一月份江宁晴雨录单》①

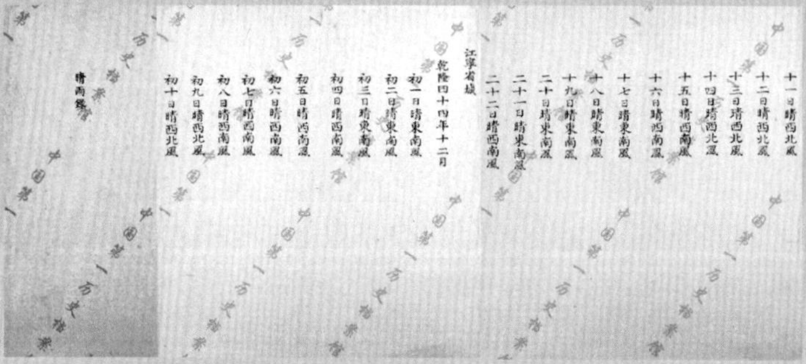
晴雨錄

江寧省城
乾隆四十四年十二月
初一日晴東南風
初二日晴東南風
初三日晴東南風
初四日晴西南風
初五日晴西南風
初六日晴西南風
初七日晴西南風
初八日晴西南風
初九日晴西北風
初十日晴西北風

十一日晴西北風
十二日晴西北風
十三日晴西北風
十四日晴西北風
十五日晴西南風
十六日晴西南風
十七日晴東南風
十八日晴東南風
十九日晴東南風
二十日晴東南風
二十一日晴東南風
二十二日晴西南風
江寧省城

乾隆四十四年十二月份江宁省城晴雨录②

从上述的两份晴雨录中，可以大致看出，江宁晴雨录每日记录一次天气情况，内容包括白天的阴晴和风向，有时也记载夜间情况。由于晴雨录没有确切的观测项目要求，因此其内容往往有差异，比如乾隆十二年二月的江宁晴雨录记录得较为简洁，仅记录了白天的基本天气情况，而乾隆二十年十一月的晴雨录中还记录了夜间是否有星月的情况，天气变化情况也较为详细。

① 中国第一历史档案馆藏宫中档朱批奏折，档案号：04-01-40-0001-044，呈乾隆二十年十一月份江宁晴雨录单，乾隆二十年。

② 中国第一历史档案馆藏宫中档朱批奏折，档案号：04-01-40-0001-007，呈乾隆四十四年十二月份江宁晴雨录清单，乾隆四十五年。

（3）雨雪分寸

清乾隆元年（1736 年）至宣统三年（1911 年），朝廷要求全国范围内对每次降水过程的入渗深度或积雪厚度进行观测记录，并以“寸”“分”作为计量单位，故称“雨雪分寸”。雨雪分寸是清朝保存下来的相对完整的数据资料之一。

雨雪分寸分为雨分寸和雪分寸，各自有不同的观测规范要求。雨分寸的观测方法是：在发生一次降雨过程之后，选择一块地势较为平坦的农田向下掘土，当看到有明显的干湿交界层时停止，测量此时土坑的深度，即为雨分寸。雪分寸的观测方法是：直接测量发生一次降雪过程之后的积雪厚度，这与现代气象观测中的测量方式相同。

为更呈体系化地观测雨雪，朝廷统建了系统气候观测网。据雨雪分寸中记载，全国观测站点有 270 多个，仅北京地区就在除观象台外的昌平、顺义、怀柔、密云、房山 5 个区县设置观测点。

由于雨泽奏报是以奏折的形式呈现，奏报人员本身需要具备折奏的资格，因此往往只有督抚一级和皇帝的心腹官员才能上报雨泽内容。为了防止督抚在地方上只手遮天，雍正、乾隆两朝将折奏资格范围进行了扩充。与康熙朝相比，乾隆朝雨雪“专报”的奏折数量大大增加，占相关奏折的一半左右。上报雨雪分寸的层级无统一规定，府、州、县、省区或私人都可以作为呈报主体。目前，可查的上报过江宁地区雨雪情况的官员很多，包括两江总督、署理两江总督、江宁织造、江苏巡抚、护理江苏巡抚、江宁将军、署理江南总督（途经江宁苏州上报雨雪苗情）、江宁布政使等。

这些官员奏报的内容不固定，有的既上报雨雪分寸，又上报晴雨录，往往还会附上粮食种植情况和粮价。相较于彼时还不能定量化测量的雨雪量、温度，田间的种植情况和粮食价格能够更直观地让皇帝了解民生情况。乾隆三十七年十二月二十四日，江宁布政使闵鹗元在《奏报江宁等属本年入冬雨雪麦苗丰豫情形事》折中写道：“圣上自入冬令以来十月内连得透雨，十一月初旬江宁扬州通州所属复节次得雨……地土滋润，农民秋收之后，翻犁种麦，高原下隰一律栽插齐全。于十一月二十七日未刻，节交冬至，恰值瑞雪缤纷，江宁省城积厚二寸有余……麦苗茁发之后，得此积雪平铺，麦根稳固，已卜瑞兆。屡丰小民额手欢欣，无不共庆昇平……”[①]充足的雨量将土地浸湿，让农民们在秋收后可以顺利播种。之后，冬至这天又飘起大雪，积雪厚度达到“二寸有余”，正所谓瑞雪兆丰年，闵鹗元借此祥瑞之兆为皇帝歌功颂德。

珍贵史料：江宁地区官员汇报雨雪和苗情

奴才同德跪奏，为恭报瑞雪及时，仰祈圣鉴事。窃照江宁地方秋收，丰稔自播种二麦后，天气晴霁，正望雨雪滋培。兹于十二月初三日丑刻，先得透雨，间带雪花霏洒。是夜，同云密布，大雪缤纷。初四日卯刻暂止，午刻又复飘落，至戌刻始止积厚六七寸不等……先雨后雪，土膏即润，壅压更深，不独春收可望，丰盈益卜。来年雨水调匀，秋成大有。黄童白叟莫不讴歌，帝德共庆昇平。现今米粮市价愈就平减，民情极为宁谧，奴才目击欢忭情形，理合恭折奏。

——《奏报江宁地方本年十二月得雨雪日期分寸粮价事》[②]

正月二十三日，两江总督臣书麟跪奏为各属续得雨雪情形，恭折奏闻事。窃照江宁省城于上年十二月十八及二十三四等日连得雨雪……圣鉴令江宁省城于正月初二起雨中带雪，初三日大学续纷。至初四日止除，随时融化，外积厚尚有三寸。并据江宁府属之江浦六合溧水高淳……禀报于十二月二十二至二十九等日，先后得雨并雨中带雪入土二三四五寸不等，二麦得膏泽益加长发，民情甚为欢庆，理合缮折奏。

御批：乾隆五十九年正月二十三日奉，欣慰览之，正月初七日。

——两江总督书麟《奏报各属续得雨雪情形事》[③]

---

① 中国第一历史档案馆藏宫中档朱批奏折，档案号：04-01-25-0179-013，奏报江宁等属本年入冬雨雪麦苗丰豫情形事，乾隆三十七年十二月二十四日。

② 中国第--历史档案馆藏宫中档朱批奏折，档案号：04-01-25-0273-013，奏报江宁地方本年十二月得雨雪日期分寸粮价事，乾隆五十五年十二月初五日。

③ 中国第一历史档案馆藏宫中档朱批奏折，档案号：03-0955-028，奏报各属续得雨雪情形事，乾隆五十九年一月七日。

江宁省城现于五月十四五六等日，陆续得雨深透。时届夏至，正当栽种之时，农民获次甘霖，欢欣鼓舞，其余各属亦据报得有雨泽，地方极为宁谧足以仰慰，嘉庆九年。

——《奏报江宁省城各属雨泽栽种情形事》①

江苏巡抚臣汪志伊跪奏，为恭报瑞雪优霑麦苗长发，仰祈圣鉴事。窃照江苏省十月下旬至十一月中旬雨雪二麦情形……北之常州镇江江宁……等府州厅属先于十一月二十六七雨日得雪二三四五寸不等，十二月初六七等日复得雪积厚四五六寸不等……麦苗藉滋长发，园蔬亦均青葱，农情倍深欢忭。至粮价虽较上月稍有加增……

——《奏报本省所属十一月下旬至十二月上旬得雨雪分寸情形并呈十一月份粮价单事》②

餘各屬自必一律均霑臣現赴揚州通泰一帶
閱兵沿途察看大田菜麥彌望青葱来歲春收
可期豐稔糧價平減農情歡忭洵足上慰
聖懷理合附片奏
聞謹
奏
覽
臣孫玉庭跪
奏再本年江蘇地方入冬以來雨水調勻麥田得
藉培滋茲據徐州等府所屬各縣稟報本年十
一月十二日得霑瑞雪續於十八日江寧省城
自辰刻至申刻雨雪繽紛平地隨落隨融高山
積厚二三寸不等是日彤雲密布雪勢較廣其

嘉庆二十二年雨雪苗情奏折③

① 中国第一历史档案馆藏宫中档朱批奏折，档案号：03-1908-064，奏报江宁省城各属雨泽栽种情形事，嘉庆九年。

② 中国第一历史档案馆藏宫中档朱批奏折，档案号：04-01-25-0395-019，奏报本省所属十一月下旬至十二月上旬得雨雪分寸情形并呈十一月份粮价单事，嘉庆十年十二月十八日。

③ 中国第一历史档案馆藏宫中档朱批奏折，档案号：04-01-25-0464-024，奏报江苏本年十一月份雨雪苗情事，嘉庆二十二年。

上述四份奏折的时间分别为乾隆五十五年、乾隆五十九年、嘉庆九年和嘉庆十年，分别为江宁织造、两江总督、未知（应该也是江宁织造）和江苏巡抚上奏。虽然上报的内容反映江宁地区的天气、耕种情况、粮价，但是由于职权不同，观察的范围就会随之变化，汇报的细致程度也随个人而改变。

第 4 节　南京及周边地区的气象农谚

根据许慎的《说文解字》记载："谚，传言也。"谚语是先民传给后人的生活经验和道理，简单凝练、朗朗上口的特点使其在民间广泛流传、发展。气象农谚中既涵盖对人类生产实践的指南，又总结了人们对自然界的观察，传达出先民的朴素认识，同时也是宝贵的气象史料，深入研究这些气象农谚具有重要意义。

关于气象农谚的记载，最早见于《诗经 · 小雅 · 信南山》中："上天同云，雨雪雰雰。""同"是通假字，通"彤"，即红色。这句话的意思是当天上出现略带红色的云时，就要下雨或下雪了。

唐朝黄子发撰有《相雨书》——预报风雨的专著，将预报降水的谚语进行了汇编。该书从"候气""观云""察日月并星宿""会风详声""推时""相草木虫鱼玉石""候雨止天晴""祷雨""祈晴"九方面介绍了观雨之术，很多方法沿用至今。

元末明初学者娄元礼编撰的《田家五行》，是一部关于古代劳动人民看云识天气的著作，是一部较为系统的农业气象谚语汇编，也是我国现存最早的农业气象专著。全书分为上、中、下三卷，内容多以农谚形式展示。《田家五行》主要研究的是太湖流域的农业气象规律，带有浓厚的地区性特色，行文中还多次出现吴语区的标志性方言[①]，不同地区的气象现象可能预示着不同的天气状况。《田家五行》的上卷自正月类至十二月类，按顺序收录占候、谚语，并加以验证；中卷是天文、地理、草木、鸟兽等类，记述各种物候现象，引证谚语颇多；下卷是三旬、六甲、气候、祥瑞等类，以迷信的内容为多。

从地方农谚不难看出，在描述同一天气现象时的表述有不少相似之处，这些表述极有可能源自同一句农谚的传播，再加上各地的方言习惯改造而形成。气象农谚的口语化、韵律感强使其在民间，尤其是农家广为流传。

江苏吴语地区与长江中下游地区农谚

对象	农谚内容	地区 / 书籍
论风	恶风尽日没	《田家五行》论风
	强风怕日落	江苏无锡
	南风暖，东风潮，北风过来没处逃	江苏无锡
	恶风必有恶雨	江苏常熟
	昼息不如夜静。“昼息”，白天没风，“夜静”，夜里没风	江苏苏州
	风是雨头	江苏无锡
	晴干无大风，雨落无小风	江苏无锡
	夜里起风夜里住，五更起风刮倒树	江苏无锡
	早西南，夜东南，好天	上海
东风	东风四季晴，只怕东风起响声	江苏南京
	偏东风吹得紧要落雨	上海
	春东风，雨祖宗	江苏常州
	晚间起东风，明朝太阳红彤彤	江苏无锡
	早刮东风不雨，涝刮西风不晴	江苏江阴
	早了东风不下雨，涝了西风刮不晴	江苏无锡

① 李树新，王冲 .《田家五行》谚语的用韵特点 [J]. 内蒙古大学学报（哲学社会科学版），2014，46（5）：93-97.

续表

对象	农谚内容	地区 / 书籍
南风	春南风，雨咚咚；夏南风，一场空	江苏无锡
	南风不过三，过三必连阴	江苏太仓
	冬天南风三日雪	江苏无锡、常熟
西风	西风夜静	江苏南京
	西风不过酉，过酉连夜吼	江苏常州
	西风吹得稳，天气晴得准	湖北黄梅
北风	六月北风当时雨，好似亲娘见闺女	江苏常熟
	日落北风煞，不煞风就大	江苏无锡
东南风	东南风，燥松松	江苏江阴
	夏至东南第一风，不种潮田命里穷	上海
	夏至东南风，必定收洼坑	安徽
西南风	夏至西南没小桥	江苏苏州
	夏至起西南，时里雨潭潭	江苏无锡、湖北黄岩
西北风	秋雨连绵西北风	安徽
	晚看西北黑，半夜见风雨	浙江义乌、江苏无锡
早西晚东风	早西晚东风，晒死老虾公	浙江义乌、江苏常熟、上海
	早西晚东风，晒煞老长工	浙江萧山
	朝西晓东风，土干田难种	江苏无锡
论云	高山起云团，小雨快到边	湖北通城、江苏常熟
	云向东，一阵风；云向西，雨绵绵；云向南，带蓑衣；云向北，好晒被	浙江义乌、江苏无锡
	日落乌云涨，半夜听雨响	长江中下游
	日落云里走，雨在半夜后	《田家五行》论日
	乌云接日头，明朝不如今日	《田家五行》论日
	今夜日没乌云洞，明朝晒得背皮痛	江苏常州

续表

对象	农谚内容	地区 / 书籍
论云	日出有云，无雨即阴	江苏
	乌云接日头，天亮闹稠稠	苏南
	日出卯时云，无雨也要阴	浙江义乌
	早晨乌云盖，无雨也风来	江苏苏州
	卯云涨，阴胜阳	江苏苏州
	老鲤斑云障，晒煞老和尚	《田家五行》论云
	天上起了鱼鳞斑，湖里晒成硬土山	江苏、湖北黄冈
	天上鲤鱼斑，明日晒谷勿用翻	江苏南京
	今晚花花云，明日晒死人	安徽
	鱼鳞天，不雨也风颠	《田家五行》论云
	云交云，雨淋淋	江苏无锡
	乱交云，雨将淋	安徽
	天上有了钩钩云，三日五日雨淋淋	江苏
	天上钩钩云，地下雨淋淋	江苏、浙江、湖北
	乌头风，白头雨	江苏江阴、江苏苏州
	朝怕南云涨，晚怕北云堆	上海崇明
	云似跑车行，无雨定是风	江苏无锡
	早起东无云，日出渐光明；暮看西边晴，来日定光明	江苏无锡
	东明西暗，等勿到端碗	江苏无锡
	早晨起海云，风雨霎时临	江苏无锡

第 3 章

大权旁落路难行

1840 年一声巨响，英国用坚船利炮打开了中国封闭的大门，中华民族的百年屈辱史由此开启，中国逐步沦为半殖民地半封建社会。在民族危亡之际，资产阶级改良思潮兴起，企图将清政府拉出泥潭……

彼时，我国的气象事业是否停滞不前？帝国主义的侵略让我国在气象方面损失了什么？有识之士又有哪些作为呢？

第 1 节　名存实亡的气象主权

《南京条约》签订后，西方资本主义列强接踵而至，纷纷趁火打劫，强迫清政府签订了更多不平等条约。这些条约不仅使清政府背上了沉重的债务，更严重的是还侵害到了我国的主权。1858 年 11 月，清政府与英、法、美三国分别签订了《通商章程善后条约》，其中赫然规定：鸦片贸易合法化；由英国人“帮办”中国海关事务；洋货运销内地除征收少量子口税外，免收一切内地税等。这无疑进一步破坏了中国的主权，使半殖民地水平加深。

近代海关大权已旁落列强之手，气象也作为附属品之一，傀儡般地发展着。同治八年十月（1869 年 11 月），时任海关总税务司的英国人赫德（Robert Hart）提出，要在全国建立海关气象站，同时观测当地气象状况，以保证航船的安全。虽名为中国海关，但实际已经成为一个外国资本主义和中国封建主义的结合，一个由外籍人员进行管理的畸形行政机关，气象观测和台站建设在相当一段时期内是由外国人说了算的[①]。

面对列强侵略，清政府开始学习西方科技知识，其中包括对西方气象知识的学习。光绪二十九年（公元 1903 年）颁布的《通饬各省振兴农务》中要求各地兴办农事试验场，推广和传播农业新科技，试图将旧农业转变为近代新型农业。其中，就有让农事试验场周围的百姓都来学习观测气象、识别土质、制作肥料的技术，鼓励大家勇于尝试新法、乐于变更。此后，国内农业专科学校和私立农场也相继建立，一些农事试验场在场内附设有测候所，进行气象观测，以测气候之变化。许多农科学校也开办气象、气候课程，有的还设有测候所。这些测候所，可以说是近代我国国人创办最早的、利用气象仪器观测的、直接服务于农业的气象台站。

与此同时，近代南京气象事业也有新进展。外国传教士设立金陵大学农学院附属气象测候所，进行气象观测。该所建于清光绪二十一年（1895 年），测候所建立初期，不仅使用的仪器十分落后，数量也很少，无法进行全面的气象观测。民国六年（1917 年），外国人费门（John R Freeman）莅校参观，对测候所进行资助，并且捐赠了一批较为先进的设备。为感谢他对测候所做出的贡献，之后便称为“金陵大学农学院费门气象观测所”。民国二十三年（1934 年）11 月，中央研究院气象研究所与金陵大学合作，改建为四等测候所。民国二十六年（1937 年），日军向南京发起进攻，南京沦陷后测候所只能以停办收尾[②]。此站是南京地区第一个教育部门设立的气象测候所，也是有记录的近代南京地区第一个气象测候所。

费门气象观测所保留下来的气象数据资料现存于南京市档案馆，记录了 1936 年 1—6 月南京逐日气象情况。观测项目包括每日气压（07 时、17 时）、气温（最高、最低、较差、平均）、地内温度、风向、云量、日照时数、相对湿度、降水量、地面和水面蒸发量以及杂记。表中最后一栏“杂记”可以看

① 杜颖 . 1865—1949 年江苏气象台站研究 [D]. 南京：南京信息工程大学，2017.

② 江苏省地方志编撰委员会 . 江苏省志 · 气象事业志 [M]. 南京：江苏科学技术出版社，1995：27.

作是特殊符号备注栏，通过特定的符号表示当天天气情况。这些符号不是南京独有的，在国立东南大学地学系气象测候所《中华民国十一年南京气象年报》和日本国立图书馆馆藏的《清国南京气象表》中都有类似的气象符号，《清国南京气象表》中对此类符号的解释为世界通用符号。这些气象符号的使用，反映出费门气象观测所遵照了一定的观测规范，其所记录的观测数据具有相当的科学性。

珍贵史料：费门气象观测所气象观测报告

费门气象观测所每日定时进行早、晚两次观测，观测时间为 07 时和 18 时（冬季 11 月至次年 2 月为 17 时），观测项目有气压、气温（最高、最低、较差、平均）、地温、风向风速、云量、日照、湿度、降水、杂记等。在“杂记”栏目中，使用特殊符号备注当天的天气情况。费门气象观测所保留的气象数据资料现存于南京市档案馆，这些资料记录了 1936 年 1—6 月南京逐日的气象情况。

Freeman Meteorological Observatory, College of Agri. &For., University of Nanking, Nanking, China.

Daily Meteorological Records

南京金陵大学农学院费门气象观测所　逐日气象报告

一月 January　　1936 民国二十五年

	Days 日期	Atmo. Pressure 气压		Air Temperature ℃ 气温(摄氏)				Under ground Temperature 地内温（摄氏）		Wind Direction 风向		Wind Velocity 风速 Km/Hr 千/时	Cloud 云量		Sun Shine 日照 Hr. 时数	Relative Humidity 相关湿度%			Precipitation 降水量 mm 公厘	Evaporation CC. 蒸发量（立方公尺）				Remarks 杂记
		700+mm 公厘		Max. 最高	Min. 最低	Range 较差	Mean 平均	At30cm					0-10			Max. 最高	Min. 最低	Day's Ave 每日平均		Water Surface 水面		Soil Surface 地面		
		7hr 时	17hr 时					7hr 时	17hr 时	7hr 时	17hr 时		7hr 时	17hr 时						Water added 加入量	Water out 取出量	Water added 加入量	Water out 取出量	
	1	2	3	4	5	6	7	8	9	10	11	12	13	14	15	16	17	18	19	20	21	22	23	24
	1																							
	2																							
	3																							
	4																							
	5																							
	6																							
	7																							
	8																							
	9																							
	10																							
	11																							
	12																							
	13																							
	14																							
	15																							
	16																							
	17																							
	18																							
	19																							
	20																							
	21																							
	22																							
	23																							
	24																							
	25																							
	26																							
	27																							
	28																							
	29																							
	30																							

费门气象观测所逐日气象报告表格样式（1936 年）[①]

① 此逐日气象报告表现存于南京市档案馆。

珍贵史料：1922 年南京气象年报气象符号

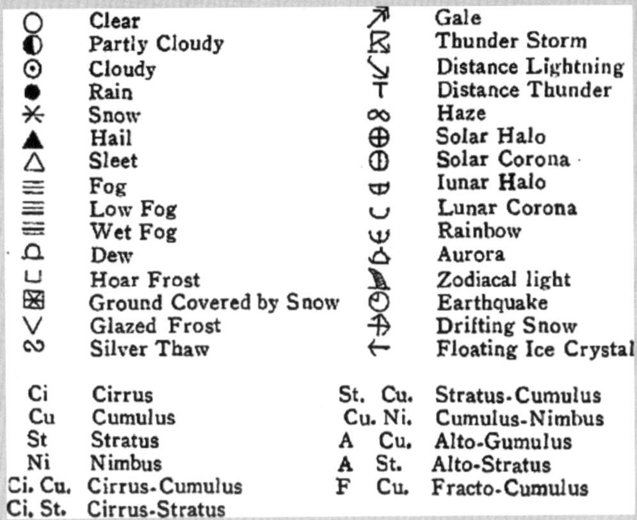

	Clear		Gale
	Partly Cloudy		Thunder Storm
	Cloudy		Distance Lightning
	Rain		Distance Thunder
	Snow		Haze
	Hail		Solar Halo
	Sleet		Solar Corona
	Fog		Iunar Halo
	Low Fog		Lunar Corona
	Wet Fog		Rainbow
	Dew		Aurora
	Hoar Frost		Zodiacal light
	Ground Covered by Snow		Earthquake
	Glazed Frost		Drifting Snow
	Silver Thaw		Floating Ice Crystal
Ci	Cirrus	St. Cu.	Stratus-Cumulus
Cu	Cumulus	Cu. Ni.	Cumulus-Nimbus
St	Stratus	A Cu.	Alto-Gumulus
Ni	Nimbus	A St.	Alto-Stratus
Ci. Cu.	Cirrus-Cumulus	F Cu.	Fracto-Cumulus
Ci. St.	Cirrus-Stratus		

《中华民国十一年南京气象年报》气象符号与对应英文注释

中文翻译（英文注释）

晴天（Clear）	大风（Gale）
局部多云（Partly Cloudy）	雷雨（Thunder Storm）
多云（Cloudy）	远距离闪电（Distance Lightning）
降雨（Rain）	远距离雷声（Distance Thunder）
降雪（Snow）	霾（Haze）
冰雹（Hail）	日晕（Solar Halo）
雨夹雪（Sleet）	日冕（Solar Corona）
雾（Fog）	月晕（Lunar Halo）
低雾（Low Fog）	月冕（Lunar Corona）
湿雾（Wet Fog）	彩虹（Rainbow）
露（Dew）	极光（Aurora）
白霜（Hoar Frost）	黄道光（Zodiacal Light）

积雪（Ground Covered by Snow）	地震（Earthquake）
冰霜（Glazed Frost）	飘雪（Drifting Snow）
雨凇（Silver Thaw）	漂浮冰晶（Floating Ice Crystal）
卷云（Cirrus）	层积云（Stratus-Cumulus）
积云（Cumulus）	积雨云（Cumulus-Nimbus）
层云（Stratus）	高积云（Alto-Cumulus）
雨云（Nimbus）	高层云（Alto-Stratus）
卷积云（Cirrus-Cumulus）	破碎积云（Fracto-Cumulus）
卷层云（Cirrus-Stratus）	

第 2 节　远赴东瀛的南京气象资料

明治维新使得日本由封建社会迅速转变为资本主义社会，但同时伴有浓厚的封建性和侵略扩张性。农历甲午年（1894 年），日本首先出兵朝鲜，蓄意挑起战争。同年 7 月，日本联合舰队偷袭北洋水师，发动丰岛海战，甲午中日战争开始。这场战争最终以清政府仓皇求和告终，北洋水师全军覆没，也标志着 30 余年的洋务运动成果灰飞烟灭。《马关条约》给中国人民套上了沉重的枷锁，进一步加深了中国半殖民地的程度。

甲午战争的胜利，助长了日本侵略者的嚣张气焰，使其对外扩张的野心不断增长，对气象情报的需求与日俱增。为保障今后的侵华战争，他们悄悄地在日本驻华使馆、领事馆、侵华机构中广设测候所，进行气象观测，收集气象情报。

日本驻南京领事馆也不例外。日本人在领事馆内设立测候所，对南京气象进行观测研究。该测候所创立于清光绪三十年（1904 年）11 月，每日定时观测 3 次，观测时间分别为每日 06 时、14 时和 22 时。测候所可观测项目有气温、气压、相对湿度、水汽分压、雨雪量、风向风速、云量、蒸发量、各类天气日数及日照时数等，每日观测项目有气压、气温、水汽张力、湿度、水云量及云形、雨雪量、风向及速度等。该测候所气象观测活动延续到 1919 年底，所有的气象记录都掌握在日本政府手中，其中一部分被编录成册，收录在日本中央气象台出版的《清国南京气象表》中，现存于日本[①]。

《清国南京气象表》目前由日本国立图书馆收藏，其记录了日本驻南京领事馆内测候所 1904—1906 年的气象观测信息，气象观测开始于 1904 年 10 月 12 日，与《江苏省志・气象事业志》中记载的 11 月有所偏差。这说明在南京领事馆内的测候所设立之前，日本政府就已经悄无声息地展开了气象观测工作。由于 1904 年 10 月的观测记录不够完整，因此在 1904 年气象报表中没有出现 10 月的记录，而是直接从 11 月开始计算的。

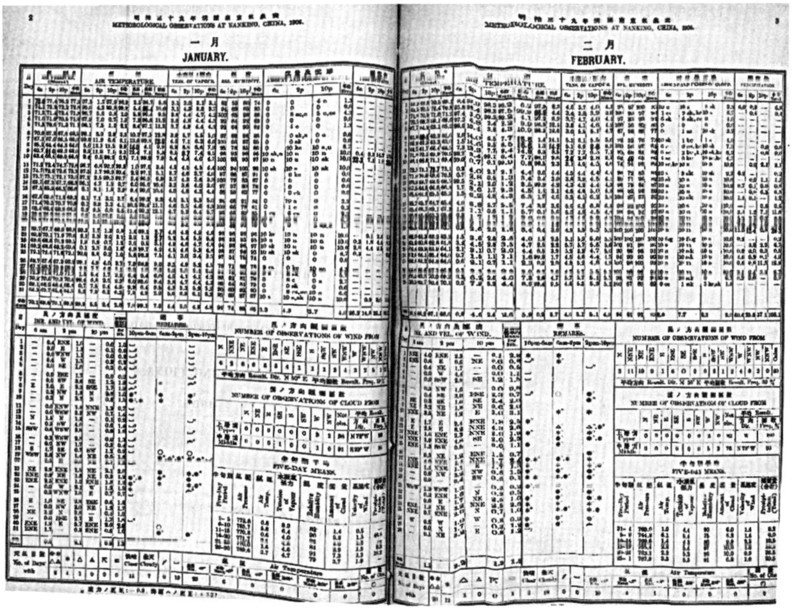

《清国南京气象表》1905 年 1 月和 12 月逐日气象观测表

① 吴增祥 . 中国近代气象台站 [M]. 北京：气象出版社，2007：55.

珍贵史料：《清国南京气象表》日英双语观测要素

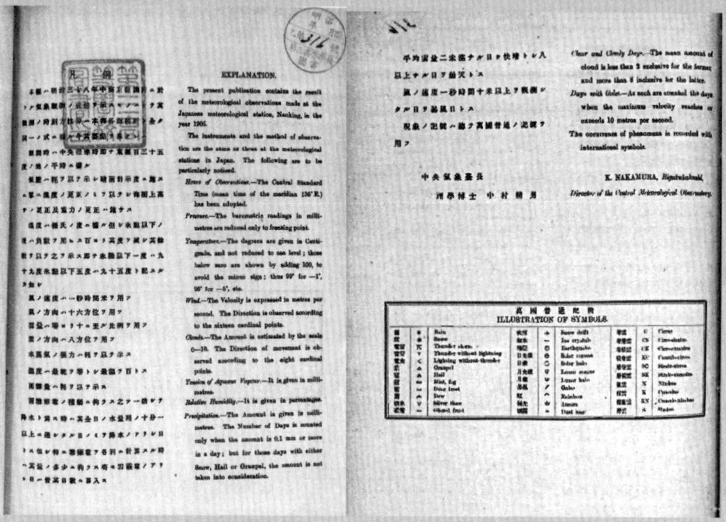

EXPLANATION.

The present publication contains the result of the meteorological observations made at the Japanese meteorological station, Nanking, in the year 1905.

The instruments and the method of observation are the same as those at the meteorological stations in Japan. The following are to be particularly noticed.

Hours of Observations.—The Central Standard Time (mean time of the meridian 135°E.) has been adopted.

Pressure.—The barometric readings in millimetres are reduced only to freezing point.

Temperature.—The degrees are given in Centigrade, and not reduced to sea level; those below zero are shown by adding 100, to avoid the minus sign; thus 99° for −1°, 95° for −5°, etc.

Wind.—The Velocity is expressed in metres per second. The Direction is observed according to the sixteen cardinal points.

Clouds.—The Amount is estimated by the scale 0—10. The Direction of movement is observed according to the eight cardinal points.

Tension of Aqueous Vapour.—It is given in millimetres.

Relative Humidity.—It is given in percentages.

Precipitation.—The Amount is given in millimetres. The Number of Days is counted only when the amount is 0.1 mm or more in a day; but for those days with either Snow, Hail or Graupel, the amount is not taken into consideration.

Clear and Cloudy Days.—The mean amount of cloud is less than 2 exclusive for the former and more than 8 inclusive for the latter.

Days with Gales.—As such are counted the days when the maximum velocity reaches or exceeds 10 metres per second.

The occurrence of phenomena is recorded with international symbols.

K. NAKAMURA, *Rigakuhakushi,*
Director of the Central Meteorological Observatory.

ILLUSTRATION OF SYMBOLS.

《清国南京气象表》日英双语观测要素解释

要素中文译文如下。

该出版物中包含了日本气象台1904年在南京的气象观测结果。气象仪器和观测方法与日本气象台所使用的一致，以下是需要特别注意的点：

观测小时——采取中央标准时间（子午线135° E）。

气压——温度为0时的气压读数，以毫米汞柱为单位。

气温——气温单位为摄氏度，没有订正到海平面的读数；为了避免负号，那些低于0摄氏度的温度将被加上100以后显示出来，即99摄氏度表示—1摄氏度，95摄氏度表示—5摄氏度，以此为例。

风——风速单位为毫米/秒，风向的观测遵从16个基点。

云——云量的评估被分为0～10级，云的移动方向遵从8个基点。

水蒸气的张力——以毫米汞柱为单位。

相对湿度——以百分数形式表示。

降水——降水量单位为毫米，当降水量达到 0.1 毫米或以上时才被纳入降水日的数量，而有雪、冰雹、霾等的日子则不被纳入其中。

晴朗多云日——云量小于 2 级则为晴朗日，云量大于 8 级则为多云日。

大风日——最大风速达到或超过 10 米 / 秒。

珍贵史料:《清国南京气象表》

1904 年，日本驻南京领事馆开始在馆内的测候所中对南京进行气象观测，记录每日观测数据，并整理成书册的形式。在持续观测近两年的时间后，领事馆把这些珍贵的南京气象数据整理成册并带回了日本，交给了日本中央气象台，随后分别在1906年和1908年将这些数据印刷，并在日本发行。

本书展示的《清国南京气象表》是明治三十九年（1906 年）3 月 20 日印刷，3 月 25 日发行的版本，印刷者为多田三弥，印刷地址为东京市麦町区内幸町一丁目五番地惠爱堂。随后，《清国南京气象表》于明治四十一年（1908 年）3 月 25 日印刷，3 月 28 日发行，印刷者为高岛幸三郎，印刷地址为东京市京桥区高代町四番地。

除南京的测候所外，在中国台湾、东北和华北地区还遍布着日军当年侵华时留下的证据。据不完全统计，在日本侵占台湾期间，先后建立的气象台站（包括测候所、分所、出张所）近 30 个，形成了一个稠密、设施完善的测候网，气象测报工作完全由日本人控制。日本侵占时期的台湾气象观测记录大部分已经被整理出版。

当然，远渡重洋的气象资料绝不仅此而已，仅东北三省就有 20 多个测候所为日军提供气象情报，之后在天津、杭州、武汉、济南、烟台、青岛、上海等地都设立了测候所，究竟有多少珍贵的气象史料被带去了日本，已不得而知。

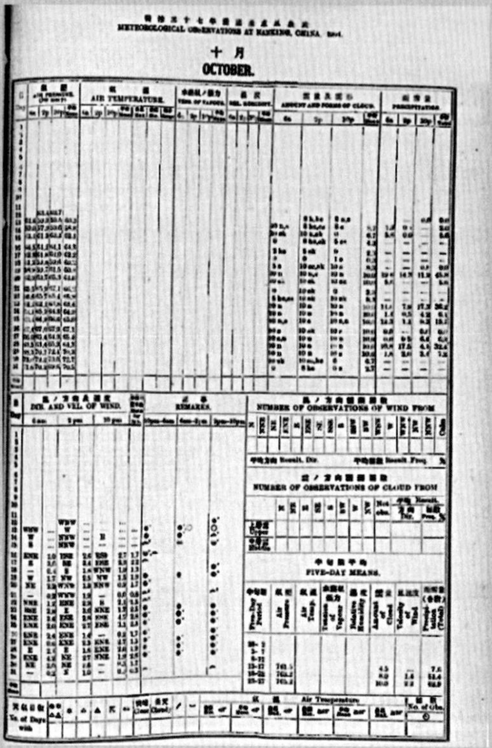
明治三十七年清國南京氣象表
METEOROLOGICAL OBSERVATIONS AT NANKING, CHINA.

十月
OCTOBER.

1904 年 10 月日本领事馆在南京测量的气象数据

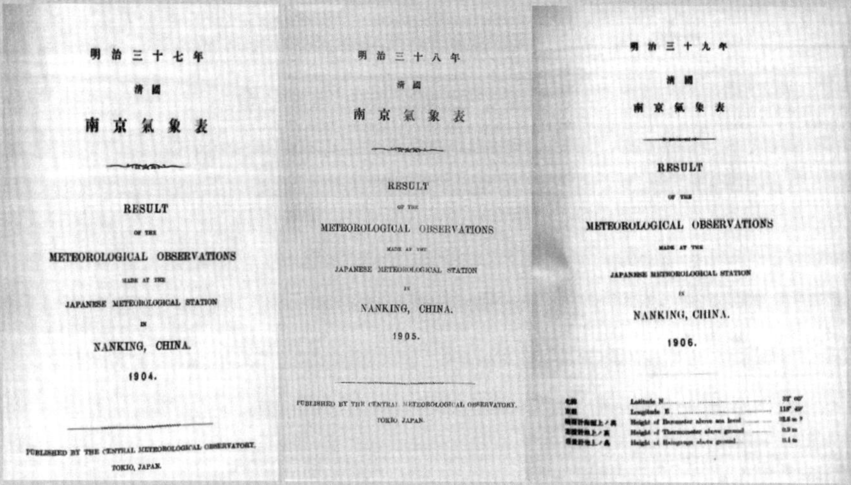
明治三十七年
清國
南京氣象表
RESULT
OF THE
METEOROLOGICAL OBSERVATIONS
MADE AT THE
JAPANESE METEOROLOGICAL STATION
IN
NANKING, CHINA.
1904.
PUBLISHED BY THE CENTRAL METEOROLOGICAL OBSERVATORY,
TOKIO, JAPAN.

明治三十八年
清國
南京氣象表
RESULT
OF THE
METEOROLOGICAL OBSERVATIONS
MADE AT THE
JAPANESE METEOROLOGICAL STATION
IN
NANKING, CHINA.
1905.
PUBLISHED BY THE CENTRAL METEOROLOGICAL OBSERVATORY,
TOKIO, JAPAN.

明治三十九年
清國
南京氣象表
RESULT
OF THE
METEOROLOGICAL OBSERVATIONS
MADE AT THE
JAPANESE METEOROLOGICAL STATION
IN
NANKING, CHINA.
1906.

1904—1906 年《清国南京气象表》封面

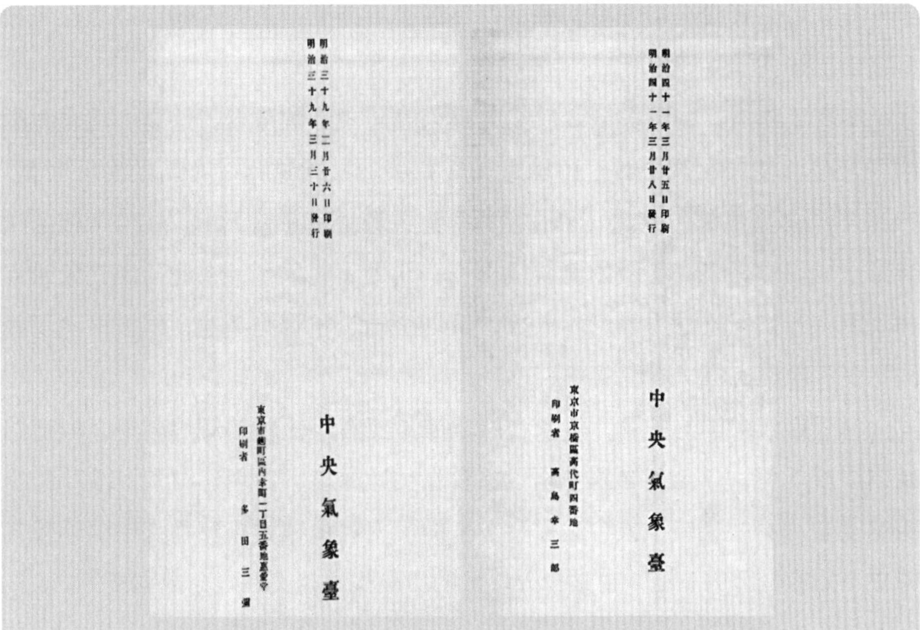

1906 年和 1909 年日本中央气象台印发的南京气象数据书册封面

第 3 节　爱国人士创设的气象台站

尽管近代中国始终笼罩在厚厚的迷雾之下，但仍有人举着微光前行，将进步思想、先进知识和技术在国内传播、推广。清朝末年，也不乏一些爱国人士在国内农林机构创办气象观测所或测候站，直接服务于农业试验和研究。

清朝江苏南通实业家张謇认为，气象不仅有利于国家农业发展，还有引领中国破除迷信、走向文明的重要功能。因此，他创办了“中国私家气象台鼻祖”南通军山气象台。在制定军山气象台的建设宗旨时，他将“农业与气象学之关系”作为研究重点之一。军山气象台创办之路也艰难不已，不论是选址、运输、仪器，还是人才，都耗费了张謇大量的心血。自 1914 年动工建造起，共历时 23 个月，气象台购置仪器、图书等费用全部由张謇出资。1917

年，气象台正式投入使用后，张謇每年还会不间断地进行捐赠，以确保气象台正常工作。

辛亥革命后，中华民国政府在北京创办了中央观象台，这是中国官办的第一个综合性国家观象台，中国近代气象事业从此进入一个新的发展时期。1928年，国立中央研究院气象研究所筹建并选址南京钦天山，在竺可桢的领导下，成为中国最高等级的测候机构——北极阁气象台，在此开展气象研究和观测，开设气象学习班培养人才，策划全国气象观测事业，积极推动了我国自主气象观测台站网建设。

由于近代中国的国情，气象台站发展虽然有过短暂的辉煌时期，但道路始终艰难坎坷，以至于导致中国气象台站类别繁多，其创建背景及沿革情况错综复杂。不过这些气象台站保存下来的历史气象档案资料，是中国近代气象史上的珍贵历史见证，也是十分珍贵的历史气象档案和气象数据资源。

民国篇

革新打破樊笼，
百废待兴，
外来势力阻滞，
初创倍艰辛，
气象迎难而上，
观测人才事业渐成气。

民国政府在南京设立首都，当时许多重要机构也再次建立。气象事业也不例外，南京可以说是我国近现代气象科学的发源地。本篇共分 4 章，从不同方面逐一讲述关于南京的气象事迹。其中，第 4 章讲述南京地区曾经存在的气象台站的站址风貌和变迁等事迹。第 5 章讲述北极阁气象台和国民政府中央气象局（以下简称中央气象局）的组织架构和基本情况。第 6 章讲述 1904—1949 年南京地区的气象观测历程、观测规范、观测要素和观测仪器。第 7 章则讲述当时南京地区的气象业务和气象成果等。

第 4 章

站址飘摇记云雨

气象观测和天气预报在 18 世纪中叶进入世界科技发展的舞台，时代发展下越来越多的国家热衷于开展气象数据的收集，中国正在经历封建王朝的落幕和新社会的萌芽，南京的气象站亦是在纷杂的社会洪流中积蓄发展。近代以来，中国的气象事业由外国主导，大多数气象台都由外国设置和管控。为了创办我国自主的气象事业，1912 年，北洋政府在北京创办中央观象台，但后来国家财政枯竭，经费无着落，其归属下的测候台站在 1927 年前后相继停办。在清末民初的这些年中，南京地区也曾建立了三个测候所，其一为 1905 年上海徐家汇天文台在南京设立的分站[①]，其二为日本在其南京的领事馆内附设的气象测候所，其三为金陵大学农学院在校内设立的费门气象观测所。徐家汇天文台设立的分站后来停止了服务，其这些年的降水和气温观测数据集中体现在徐家汇天文台出版的两部著作中。日本领事馆内的气象测候所记录的气象观测数据交由日本中央气象台。而金陵大学农学院费门气象观测所的气象资料也没能得到很好的保存，留存资料不多。这就是南京气象事业最初的发展概况。直到 1920 年，竺可桢任教南京高等师范学校（后改为国立东南大学、国立中央大学），我国的气象教育事业才有了开端。1928 年，中央研究院气象研究所在南京建立，我国的气象事业终于改头换面、蒸蒸日上。

本章围绕近代南京的气象台站进行展开，其内容包含了国立东南大学地学系气象测候所的气象观测史迹，中央研究院筹备观象台的一系列事件，最终将气象研究所定址北极阁并进行建设的过程，以及抗战西迁、战后回迁北

① 国立东南大学. 中华民国十一年南京气象年报[Z]. 南京：国立东南大学地学系气象测候所，1924：1.

极阁、暂收日本留在北极阁的气象仪器和留守南京与中国人民解放军汇合的往事。此外，本章也介绍了汪伪时期设立的伪水利委员会南京气象测候所、南京地区的航空测候所、国防部第二厅所属南京一等气象站的相关历史。至于《江苏省志·气象事业志》中提及1931年4月成立的江宁四等测候所、1931年5月成立的六合四等测候所，以及其他未见提到的测候所，因相关史实的缺乏，本章未做叙述。

那么，在中华民国这段时间里，这些气象台站是如何逐渐建立起来的呢？各个台站在历史的车轮下，又发生了什么样的故事呢？本章根据历史档案、报刊等史料，在逐一讲述的同时，尽可能还原当时的概况。

第1节　国立东南大学地学系气象测候所

民国时期，南京逐渐成为当时的政治中心，南京的气象事业也从此开始逐渐迈上高峰。而这一切要从国民政府在南京地区建立的第一个气象测候所——国立东南大学地学系气象测候所说起。而说起这个测候所，就不得不提到竺可桢。

1920年，竺可桢受南京高等师范学校校长郭秉文聘请，开设气象学课程，作为教授讲授气象学和地质学，这是中国气象教育的开端。1921年，南京高等师范学校改名为国立东南大学，竺可桢任国立东南大学地理系主任。他根据哈佛大学之例，认为地理与地质均为地学不可分割的部分，想把地理系改为地学系，意将地质也纳入。本来该校的地质学属于矿冶、建筑等工科学系的基础课，因他的主张，就与地理一起归并到地学系中①。1921年，国立东南大学地学系成立气象组，由竺可桢任系主任兼气象组组长。随后，1921年春天，国立东南大学地学系附设气象测候所②。根据东南大学校史记载，当时的气象测候所建

① 王鹏飞．王鹏飞气象文选Ⅱ [M]. 北京：气象出版社，2010：23-24.

② 郑国光．中国气象百科全书·综合卷 [M]. 北京：气象出版社，2016.

于校园六朝松畔的梅庵内，根据学校《南京气象月报》记载，当时的气象观测场所则建设在学校的东操场上，作者走访现今校园，对照当时南京高等师范学校的校园地图，推测该测候所应是在更为开阔的学校东操场。

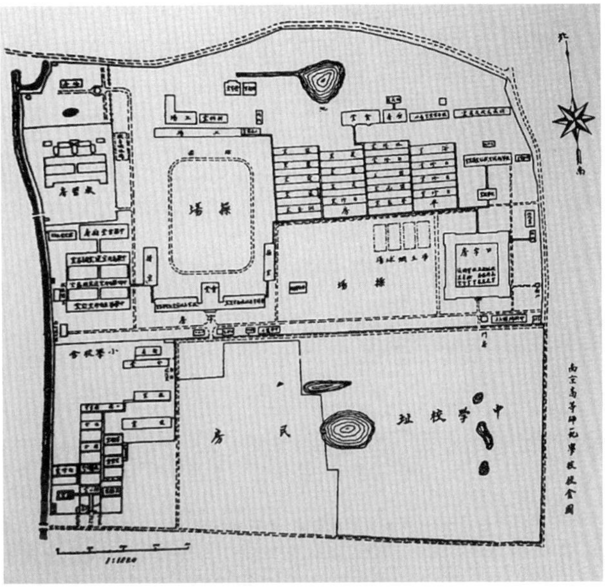

南京高等师范学校全图[①]

在测候所中，竺可桢会指导学生进行观测实习，实习的学生在指定时间内负责观察并轮流对仪器读数进行记录。竺可桢对学生观测实习要求十分严格，观测期间必须严格守时、遵守规范，且遇见恶劣天气时他常常亲自督察。根据朱炳海教授回忆，一日大雪，他按时到达观测场进行观测，却发现竺可桢已经在观测场中，这使他既惊讶又感动。而对于观测的记录，竺可桢每过一段时日就会亲自整理材料，并对其进行分析，撰写报告。

1923 年 12 月 12 日上午，学校大厅发生火灾，烧毁了保存的气象记录。所幸，1922 年每日气象要素读数的副本被取出。但 1921 年的全部记录和 1923 年的部分记录，包括之前所有的自记录表全部丢失了[②]。期间所作记录部

① 来自东南大学校史馆。

② 国立东南大学. 中华民国十一年南京气象年报[Z]. 南京：国立东南大学地学系气象测候所，1924：3.

分收录于《中华民国十一年南京气象年报》中。

民國十一年十月氣象紀錄

Monthly Record October, 1922.

Date 日期	Pressure 氣壓	Temperature 温度 Max. 最高	Min. 最低	Mean 平均	Range 較差	Relative Humidity 濕度	Precipitation 降水量 Rainfall 雨量	Snowfall 雪量	Wind 風 Direction 風向	Strength 風力	Cloud 雲 Kinds 種類	Cloudiness 多寡	State of Weather 雜記
1	759.01	18.4	14.9	16.65	3.5	83	32.2	0	NE	1	St	10	●
2	761.98	15.3	11.4	13.35	3.9	72	0	0	NE	1	Cu	2	○
3	763.48	15 3	12.3	13.80	3.0	72	0	0	NE	1	A,cu	8	⊙
4	762.61	21.8	13.7	17.75	8.1	74	0	0	NE	1	Ci,cu	9	⊙
5	761.01	23.0	15.1	19.05	7.9	75	0	0	N	1	St.cu	4	◐
6	758.51	23.3	14.6	18.95	8.7	73	0	0	N	1	F,cu	1	○
7	756.55	24.3	10.9	17.60	13.4	63	0	0	NE	1	0	0	○≡
8	757.73	24.4	15.3	19.85	9.1	92	T	0	0	0	St	10	⊙
9	766.39	20.0	15.1	17.55	4.9	60	1.7	0	NE	1	A,cu	10	●
10	767.79	15.7	5.6	10.65	10.1	58	0	0	0	0	0	0	○
11	764.82	14.8	6.3	10.55	8.5	60	0	0	NE	1	A,cu	10	⊙
12	761.26	22.2	12.1	17.15	10.1	73	0	0	NW	1	A,cu	10	⊙
13	759.83	24.2	9.7	16.95	14.5	63	0	0	NE	1	A,cu	5	◐
14	759.03	26.0	11.0	18.50	15.0	59	0	0	NE	1	0	0	○
15	758.73	25.2	16.9	21.05	8.3	73	0	0	NE	1	Ci,cu	9	⊙
16	758.69	23.0	17.0	20.00	6.0	100	T	0	NE	1	St	10	⊙
17	759.33	20.9	15.0	17.95	5.9	92	0	0	N	1	St,cu	9	⊙
18	760.43	23.0	16.7	19.85	6.3	76	0	0	N	1	Ci,cu	6	◐
19	760.43	23.8	12.9	18.35	10.9	72	0	0	N	1	St,cu	10	⊙
20	758.11	24.9	13.9	19.40	11.0	69	0	0	E	1	A.cu	4	◐
21	759.39	25.1	11.8	18.45	13.3	66	0	0	W	1	0	0	○
22	760.63	25.4	8.9	17.15	16.5	80	0	0	E	1	0	0	○≡
23	759.18	24.2	16.0	20.10	8.2	87	T	0	NW	1	Cu	10	⊙
24	758.55	22.9	16.0	19.45	6.9	75	0	0	NW	1	Cu	5	◐
25	759.19	23.7	13.4	18.55	10.3	67	0	0	NW	1	Ci,st	10	⊙
26	761.46	23.6	13.3	18.45	10.3	55	0	0	NW	1	Ci	1	○
27	759.46	23.3	5.4	14.35	17.9	51	0	0	NW	1	0	0	○
28	760.66	24.2	7.2	15.70	17.0	52	0	0	NW	1	0	0	○≡
29	759.53	27.7	11.7	19.70	16.0	67	0	0	S	1	0	0	○
30	760.00	26.8	12.5	19.65	14.3	55	0	0	SE	1	0	0	○
31	766.09	20.8	12.2	16.50	8.6	75	0	0	N	4	Ci,cu	10	⊙
Total 合共	23579.36	697.2	388.8	543.00	308.4	2189	mm 33.9			32		163	
Mean 平均	760.62	22.49	12.54	17.51	9.95	70.61				1.0		5.3	

民国十一年十月南京气象记录①

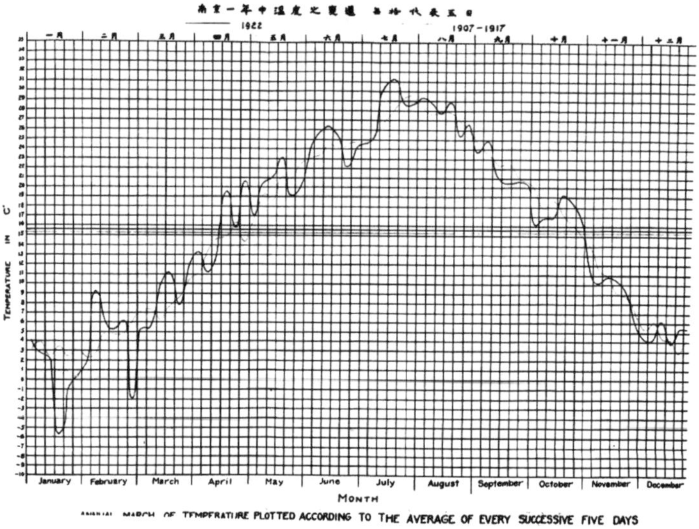

南京一年中温度之变迁②

① 国立东南大学.中华民国十一年南京气象年报[Z].南京：国立东南大学地学系气象测候所，1924：67.

② 国立东南大学.中华民国十一年南京气象年报[Z].南京：国立东南大学地学系气象测候所，1924：68.

1924 年起，学校开始编印气象刊物《南京气象月报》，测候所气象观测的数据结果都刊登于此刊物上。本刊物停刊时间未知，其中，1928 年 7 月编印的第 5 卷第 7 期为现有文献中记录的最后一期。数据中，风向、风力均以目力测定，温度以摄氏寒暑表为标准，云的种类和多寡全以目力测定，云的速率以角度计算，每日天气情形（如晴天、积雪、雷电等）由 30 种不同的符号表示。以下为 1928 年 1 月编印的第 5 卷第 1 期引言中提到的常用气象符号。

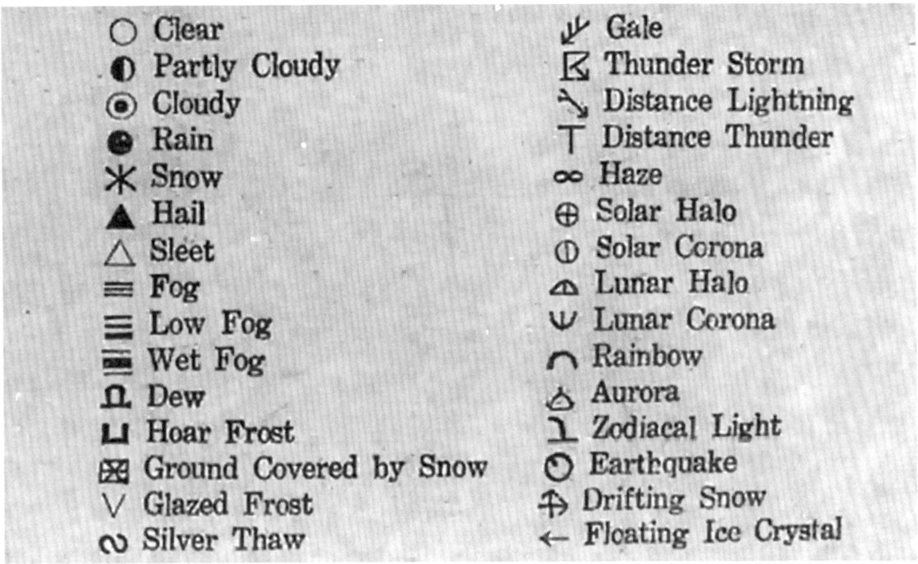

《南京气象月报》中的常用气象符号

1927 年 3 月 24 日，南京惨案发生[①]，给这座城市造成了极大的破坏，即便测候所的仪器也未能幸免。尤其是那些安装在户外的仪器设备，如自记雨量器、达因风向风速计等，均遭到严重的损坏。因此，观测不得不停止了一段时间。到南京国民政府成立后，观测逐渐恢复，并从国外订购了新的设备，测候所于 1928 年 1 月 1 日起正式恢复工作[②]。

① 史料记载：南京惨案发生在1927年3月24日，因此又被称为“三二四”惨案，是帝国主义暴行的一大证据，当时美、英、法等多个西方国家的舰队调遣军舰开往南京江面，不仅企图阻止国内的革命，而且还对南京居民进行枪击和轰炸。

② 国立中央大学.南京气象月报[Z].南京：国立中央大学地学系测候所，1928，5（1）：2-3.

本年一月份氣象綱要

氣　　壓

絕對最高	779.1	公釐	十一日上午十時
絕對最低	755.5		二十六日下午六時
最大每日較差	11.8		十六日

氣　　溫

絕對最高	15.0°	攝氏	二十六日
絕對最低	—6.6		十二日
最大每日較差	16.4		五日

降　水　量

雨量	70.77	公釐	
雪量	0.22		二十九日
最多每日降水量	22.14		二十一日

雜　　記

雨天日數	12
陰天日數	5
晴天日數	11
曇天日數	3
有霧日數	8
有霜日數	15
有雪日數	2
有大風日數	1
有日暈日數	3
有月暈日數	4
日照總時數	112h. 56'
日光全照日數	5
全無日光日數	11

1928 年 1 月南京气象纲要

在测候所成立到停办的过程中所进行的观测记录，一方面供地学系本身研究之用，另一方面报送中央研究院气象研究所等单位。其观测内容包括温度、气压、降水量等。1937 年，由于日军侵犯，国立东南大学地学系气象测候所工作不能进行，故而停办。

人物档案：中国气象奠基人竺可桢

竺可桢（1890—1974 年），字藕舫，1890 年 3 月 7 日生于浙江绍兴东关镇（今属上虞）。1910 年公费留美，先就读于伊利诺伊大学农学院，1913 年毕业后又入哈佛大学研究院地理系读气象学，1918 年获得博士学位回国。回国以后，先后在武昌高等师范学校（武汉大学前身）和南京高等师范学校（后改为国立东南大学、国立中央大学）任教。

1927 年，南京国民政府成立，竺可桢在蔡元培的支持下，在南京北极阁建立中央研究院气象研究所，并任气象研究所所长。此后，竺可桢对我国气象事业的发展做出了巨大贡献，可谓是我国气象事业的奠基人。

在竺可桢的带领下，1927 年 12 月，南京北极阁气象台竣工，这是我国第一座现代气象台。从此，我国有了自己的全面观察、收集气象资料和科研的基地。竺可桢在担任中央研究院气象研究所所长的同时，又主持建立了中国第一个地理学系——国立东南大学地理系，并兼任地理系教授。同时，作为当时的气象研究所所长，竺可桢派遣所员去国外学习气象预报和绘制天气图。1930 年元旦，气象研究所开始绘制东亚天气图，开始发布天气预报与台风预报，并将摄氏度规定为中国天气温度的标准单位。自此，中国人终于拉开主导中国气象事业的帷幕。

1930 年 4 月，竺可桢呈请中央研究院出面，在南京召开了全国气象机关联席会议，研究和商讨全国气象测候事业发展工作中共同关心的一些重大议题。1931 年，由气象研究所牵头，内政部召开了全国气象观测规程会议，会上制定了《全国气象观测实施规程》，对气象测候所的等级进行了划分，并对各级测候所的经费、仪器配置标准及观测记录表的格式作了详尽规定。这对当时全国气象测候网建设和气象观测工作的规范化，起到了重要的促进作用。

为了缓解气象人才严重匮乏的压力，竺可桢借鉴了日本附设于东京中央观象台下的气象技术官养成所的办学经验，1929—1936 年共举办了四届气象训练班。一方面，招收近百名高中理科毕业生进行气象学专业训练，训练期满后，由该所分配至各直属分所工作。另一方面，接收各机关、单位保送人员几十名，给予在本所进修、实习的机会，提高他们的业务能力，从而缓解了气象人员奇缺这一矛盾。在抗战前的 10 年间，气象研究所通过合作或自行办班形式正式培养了四期学员 123 人，其中 90 人顺利结业，为大约 40 个气象台站提供人力资源，为气象事业发展奠定人才基础。

除此之外，竺可桢在所期间专任研究员，带头紧抓科研工作。作为气象研究所领导，虽然他的日常工作十分繁忙，但他的科研活动从未间断，8 年内发表论著约 50 篇。1930 年，发表了《中国气候区域论》，这是气象研究所发表的第一篇有影响的学术论文，他在评论了当时世界上通用的几种气候区划方法之后，结合我国气候的实际情况，提出了我国气候区划的标准。1933 年，竺可桢在第五届太平洋科学会议上提出的《中国气流之运行》一文，是讨论我国大气环流的第一篇成功的研究论文，为以后讨论大气环流、分析天气及气候成因问题提供了基础。1934 年，他发表的《东南季风与中国之雨量》，是我国有关季风研究的经典文章，为以后我国季风研究和长期预报研究提供了基础。1933 年，他在美国气象学会会刊上发表的《南京三千公尺[①]高空之风向与天气之预测》一文中，根据 1930—1931 年南京 160 次测风气球观测记录，分析高空风向与未来当地天气变化的关系，并用于短期天气预报。1931 年 9 月，竺可桢发表论文，分析当年 7 月长江、淮河的特大洪涝灾害，上溯到 1908 年和 1887 年，也曾发生过特大洪水灾害，这三次特大洪水的发生，相隔约 22 年，恰好是太阳 11 年活动周期的 2 倍，这是气象研究所研究日地关系的开始。

在竺可桢的指导下，气象研究所学术氛围很浓，研究所制定的《中央研究院气象研究所的论文奖金章程》，促进了科研人员在学术、理论和实践上有所创新。1928—1935 年，北极阁气象台的研究人员几乎每年都有论文发表，在此期间共发表论文 86 篇。

在我国的气象遗产方面，竺可桢组织力量搜集、发掘、整理分析全国各地历史气象资料。1936 年和 1940 年相继出版了《中国之雨量》和《中国之温度》，前者载有 350 个站点记录，后者则多达 600 个站点，记录最长 65 年。这是当时年代最久、站点最多、最为完整的资料。此后，

① 1 公尺 =1 米，下同。

《中国气候资料·雨量编》《中国气候资料·气温编》《中国气候资料·湿度云雾及日照编》等也相继出版。

新中国成立后，竺可桢担任中国科学院第一任副院长，同时担任中国科学技术协会副主席，中国气象学会理事长、名誉理事长，中国地理学会理事长等职。他还当选为历届全国人民代表大会常务委员会委员，并于 1962 年光荣地加入中国共产党。他对中国气候的形成、特点、区划及变迁等，对地理学和自然科学史都有深入研究。他一生在气象学、气候学、地理学、自然科学史、物候学等方面的造诣深厚，并作出了许多重要贡献。竺可桢一生积极倡导并身体力行地从事科学普及工作。1974 年 2 月 7 日，竺可桢因病在北京逝世，享年 83 岁。

人物档案：中国高等气象教育事业奠基人朱炳海

朱炳海（1908—1994 年），气象学家，中国高等气象教育事业的奠基人之一。1931 年毕业于国立中央大学，并到中央研究院气象研究所工作。1939 年，参加“西康科学考察团”，任总干事长，进行了中国最早的西部地区地理气象科学考察。

1936 年，朱炳海回到国立中央大学地理系执教。1944 年，国立中央大学气象学系正式成立，这是全国高等学府中建立的第一个气象学系；同年，他晋升为教授，同时兼任民国中央研究院气象研究所研究员。中华人民共和国成立后，他一直在南京大学从事气象教学和科研工作，任气象系主任 10 年（1949—1958 年）。在他和同事的推动下，1952 年，根据国民经济建设和学科发展的需要，南京大学创建了国内第一个气候专业，并积极支持和大力协助成立南京气象学院。1994 年，南京大学气象系庆祝建系 50 周年，同时庆祝朱炳海从事气象教学和科研 60 周年，专门为他颁发了奖状和感谢状。

朱炳海在气象科研工作中重视理论联系实际，撰写出版《气象学》

《中国气候》等多部气象、气候领域研究著作，发表如《康南地理气象考察报告》等多篇研究成果，并曾主编《气象学词典》。他曾先后发表论文《分析气象团以论天气变化》《本国锋元之消失与气旋》（获 1944 年国家科研二等奖），以及《中国春季之锋面活动》《中国降水区划》《近百年来苏南气候变迁的趋势和今后的倾向》《天气谚语》等 40 多篇。1967 年，美国联邦科技资料出版局将其著作《中国气候》译成英文版，流行于世界各地。他在气象教育事业上勤奋工作 50 多年，为奠定中国气象教育事业基础做出了贡献。

第 2 节　鼓楼测候所

北洋政府时期，中国政府设立的气象观测机构，是 1912 年 11 月民国政府在北京设立的中央观象台，地址在北京东城泡子河（今建国门）。建设之初，中央观象台面临着人才匮乏、经费有限等诸多困难。在当时，上海徐家汇，法国人设有观象台；山东青岛，德国人设有观象台；香港，英国人设有皇家天文台；同时，日本也在台湾和东北设有气象台。日本中央气象台曾邀请诸多远东气象台台长参加会议，这些外国台长都受邀参会，中央观象台台长却未在邀请之列。时任台长的高鲁大为震动，虽经波折最终列席，但也使得高鲁愤然下定决心，必须要兴办中国自己的气象事业。此后不久，高鲁就邀请刚从比利时学农回国的蒋丙然共商气象科事宜。1913 年 7 月，观象台内成立气象科，蒋丙然担任科长。由于业务的需求，当时的农林、水利、航空等部门也设立了一些测候所，但都仅供所属部门独自使用。不幸的是，在 1924 年以后，由于军阀混战、经费短缺，中央观象台和其他几处测候所相继停顿，继而使得外国人对我国气象事业的垄断大大加深。此时，中国仅有的一点气象观测，也都难以逃开殖民地、半殖民地的烙印。

中央观象台及其他测候所的停办使得我国气象工作举步维艰。几年后，南京国民政府教育部大学院筹建了中央研究院，为了缓解气象科技停滞这一情况，设立了中央研究院气象研究所，此后 10 年，我国气象事业得到了快速的发展。

1927 年 11 月 20 日，南京政府教育部大学院召开中央研究院筹备会，其通过的组织条例中设有观象台，计划地址设立在鼓楼公园一带，随后，观象台筹备处准备将当时的鼓楼建筑改建为鼓楼测候所，以备观象台使用。11 月 28 日，大学院第一次院务会议，推定观象台筹备委员会，高鲁、竺可桢为常务委员。高鲁主管行政组，竺可桢主管研究组。1928 年 1 月 1 日，观象台借南京成贤街国立第四中山大学[①]后花园作为观测场地，开始地面气象观测工作，这是气象研究所在筹备期间就进行正规气象观测的开始。当时还没有自记仪器，所以无论昼夜假日，均用人工观测。

珍贵史料：鼓楼测候所

在观象台筹备委员会时期，高鲁为了使气象组观测气象记录能代表南京城内的气候，准备在城内设立一个测候所，便选定鼓楼公园为所址，并向有关部门征集和进行修缮。将鼓楼大平台上端矮围墙刷成白色，在矮墙南北两侧临街那一面，各写上三尺见方的“鼓楼测候所”五个大字。

鼓楼楼上这一层，原是打通的大厅，在修缮中将左右两侧隔成四小间，在中央这一间的前半间添加一层三楼，掀去三楼前面部分椽瓦，筑成一座小平台，准备在这个平台上安装风向针、风力表进行气象观测[②]。

---

① 1927年，国民政府教育行政委员会改革教育管理制度，提出并试验“大学院”和“大学区制”。国立第四中山大学是在东南大学基础上，同河海大学等八校联合组建。

② 陈遵妫 . 中国天文学史（下）[M]. 上海：上海人民出版社，2006：1366.

鼓楼测候所[①]

而此时，竺可桢借国立第四中山大学校园内梅庵作为气象组临时办公，并在校园进行气象观测。“鼓楼测候所”这个机构其实一天也未实现，高鲁选用两条孙中山语录，把“鼓楼测候所”五个大字覆盖起来，这两条语录分别是“凡真知特识必从科学得来”“宇宙之范围皆知之范围”。

1928 年 2 月，财务部公函中如此写道：“中央研究院观象台鼓楼气象测候所已组成就绪，开始观测，函应周知各地气象状况以资考登查各海关每日气象观测成绩，例须电报上海青岛北京各观象台兹为谋气象消息灵通起见，令上海税务局每日拍发电报时加拍一份送至南京鼓楼测候所。”[②]关于气象状况等的电报仍然发往鼓楼测候所，而气象组观测业务则在借用的大学后花园中进行。

① 国立中央研究院文书处. 国立中央研究院总报告（民国十七年度）[Z]. 南京：国立中央研究院总办事处，1928：201.

② 大学院为筹备气象、社会等研究所在南京、上海觅择地址的文书，收藏于中国第二历史档案馆，全宗号 五（2），案卷号 4。

1927 年南京鼓楼公园鼓楼测候所

在接收了鼓楼公园后，观象台将鼓楼旧址加以修缮，改为鼓楼测候所，作为气象组测候与办公之用。但气象未搬入，1928 年 2 月，观象台进行改组，气象组和天文组分别改为气象研究所和天文研究所，竺可桢为气象研究所筹备处主任，定所址于南京北极阁①。由于气象研究所另选定南京北极阁为所址，故天文研究所暂迁至鼓楼测候所办公②，鼓楼测候所作为天文研究所办公地址，一直沿用到 1934 年。

中央研究院气象研究所是中国历史上第一个研究气象科学的最高学术机构。气象研究所的主要任务是气象观测、气象研究以及为全国气象工作提供指导。其分为气候、高空、天气预报、仪器、地震五个部。主要业务为地面、高空、物候、日射、天气现象、微尘、地震等观测和天气预报及气象研究。

① 气象研究所工作报告，收藏于中国第二历史档案馆，全宗号三九三，案卷号 1372。

② 付启元，赵德兴 . 南京百年城市史 [M]. 南京：南京出版社，2014：58.

民国时期国立中央研究院气象研究所门口照片

关于中央研究院观象台后分为天文研究所和气象研究所，在以下资料中也得到了体现：

"……原函内开查本院中央研究院设立天文及气象测候所各一处，以资研究，前曾函请贵局供鼓楼作为天文测候所所址，在案兹查城北钦天山上，北极阁地位空旷且无喧闹之弊，以之改建为气象测候所。"[①]北极阁因其周围环境的优越被选为气象研究所的所址，并在此建设气象台。

1928 年 2—10 月，气象研究所的观测场地多次迁址："嗣以大学院旷地无多，不足以陈列多数仪器，观测地点遂移成贤街五十六号，时六月二日也。及七月二十一日，又以五十六号房主归来，移至国立中央大学梅庵观测，及九月杪，钦天山气象台旁办公室一部告成，遂于卅日子夜移至山上观测"。[②]此后，气象研究所终于顺利迁入北极阁，才开始稳定地工作。

① 大学院为筹备气象、社会等研究所在南京、上海觅择地址的文书，收藏于中国第二历史档案馆，全宗号 五（2），案卷号 4。

② 国立中央研究院文书处.国立中央研究院总报告（民国十七年度）[Z].南京：国立中央研究院总办事处，1928：205.

第 3 节　北极阁气象台

（1）迁址北极阁

虽然当时借用了大学院的后花园暂时解决了观测地点的问题，但是由于场地大小和海拔等要素对于观测结果的准确性有很大影响，于是寻找一个合适的长期观测地点成为当务之急。《钦天山气象台落成纪念刊》中如是记录："观象台筹备处假成贤街大学院花园余地，陈设气象仪器开始观测。但以院址甚窄，而园中亭榭花木，又足以蔽风日，影响于记录，是以有急筹永久所址之必要。"[①] 为了解决这个问题，观测地点也曾几度迁移，但始终未能取得满意的成效。

1920 年南京北极阁道观远景

① 大学院及中央研究院职员录及《钦天山气象台落成纪念刊》，收藏于中国第二历史档案馆，全宗号三九三，案卷号 2862。

1928年2月，气象研究所筹备处最终决定选南京北极阁钦天山观象台故址建筑，改建研究所的办公室和气象台。此处选址并非仓促决定，早在1922年竺可桢发表于《史地学报》的《本校急应在北极阁上建筑观象台意见书》中就提到选址想法。北极阁旧名鸡笼山、鸡鸣山和钦天山，“其地自元明以来，夙为观象台，今试重建气象台于此，于地理历史两相宜”。从地理条件上看，北极阁位于现在南京城墙边缘的内侧，是一个海拔67米、周围约5000米的山丘。北瞰玄武湖，南眺市区，山巅平坦，四周无障碍，符合气象观测周围无障碍物的要求[①]。

古北极阁原貌（摄于1928年2月）[②]

1928年3月29日，由大学院聘请当时的著名建筑大师庄俊作为建筑工程师，并拟就了北极阁的建筑计划。当年4月开始建设，12月完工，当时建设北极阁建筑群总共耗用银23500两。

① 朱祥瑞.中国气象史研究文集[M].北京：气象出版社，2005：38-139.

② 陈学溶.中国近现代气象学界若干史迹[M].北京：气象出版社，2012.

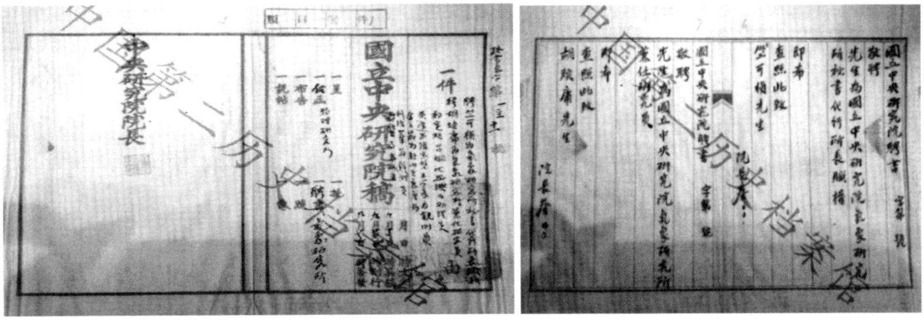
國立中央研究院稿
中央研究院院長
國立中央研究院聘書
胡煥庸先生

竺可桢在北极阁任气象研究所所长聘任书（左）和胡焕庸在北极阁任气象研究所观测员聘任书（右）[①]

珍贵史料：北极阁内的驻军、俘虏和老道

当时的北极阁中是有军队驻守的，在选定北极阁为气象研究所的所址后，军队逐步撤出了北极阁。1928 年的文书中有如下记载。

民国十七年四月十二日军事委员会：

本京钦天山上北极阁已由南京市政府发归本院作为建筑气象台之用，北极阁内现驻有四十军二师司令部……筹借委员会及无线电报……

民国十七年五月十七日大学院送至南京市公安局：

北极阁驻军现已退出，为本院建造气象研究所之用，房屋应派警看守，以免闲杂人等闯入[②]。

气象台的建设本应该 5 个月就落成，但其间有些许事情，造成了时间上的耽搁：

……民国十七年四月中旬开始投标，应征者计有姚辛记，新金记，新锡记，三公司。新锡记以一万五千九百余两中选也。（后以增建西楼及园墙余屋水泥路等等总价达二万三千五百余两。）于民国十七年五月十九日订立合同，原定于五个月后可以落成。是时北极阁以年久失修砖

① 中央研究院聘任气象研究所职员的文书，收藏于中国第二历史档案馆，全宗号三九三，案卷号 4635。

② 大学院为筹备气象、社会等研究所在南京、上海觅择地址的文书，收藏于中国第二历史档案馆，全宗号 五（2），案卷号 4。

垣已见裂罅，木桩朽腐，楼板洞穿，虽外观尚存故我，实际久已荒废不可复登。阁下东厢破屋中，时禁有直鲁军俘虏约百余人，经院中与军事委员会函商，俘虏于五月二十六号迁移山下。大殿尚存老道，年以七十余，特于山麓另筑茅屋以居之，全山柴草，终其身归所有。俘虏既去，老道得所，新锡记乃得开始经营也[①]。

在这些建筑中，最引人注目的就是北极阁气象塔。新建的北极阁气象塔呈六角形，高四层，底楼外有六根粗壮水泥阑柱支撑，楼上围以石栏。全塔皆以钢筋混凝土构成，储藏仪器不怕震撼，并有防火功能。气象塔两翼分建楼屋两幢，每幢计十间，东首上层为办公室，下层为图书馆，西首上层为宿舍，下层为食堂会客室等。气象塔前广院中分列户外测候仪器[②]。

在整个北极阁气象台建成后，许多在我国气象事业发展中挑起重担的人都在此进行过工作或者接受过培训。因此，北极阁气象台也成为民国几十年里，我国气象事业最具标志性的建筑群。

民国时期北极阁气象台（1928 年摄）[③]

① 大学院及中央研究院职员录及《钦天山气象台落成纪念刊》，收藏于中国第二历史档案馆，全宗号三九三，案卷号 2862。

② 陈学溶 . 中国近现代气象学界若干史迹 [M]. 北京：气象出版社，2012：25.

③ 陈学溶 . 中国近现代气象学界若干史迹 [M]. 北京：气象出版社，2012：25.

1928 年竺可桢在北极阁建立的气象台①

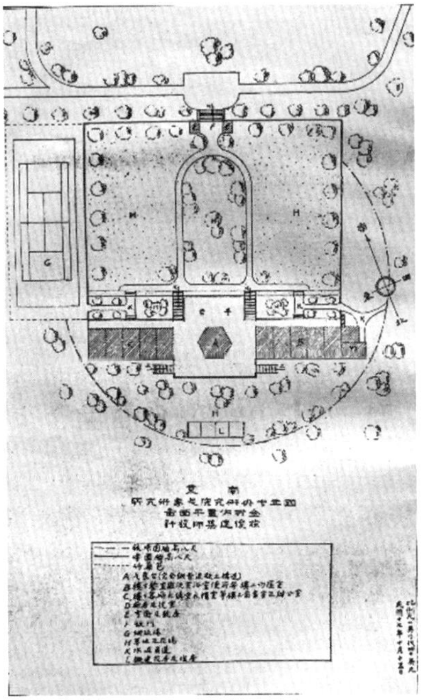

气象研究所平面图②

① 郑国光 . 中国气象百科全书 · 综合卷 [M]. 北京：气象出版社，2016.

② 大学院及中央研究院职员录及《钦天山气象台落成纪念刊》，收藏于中国第二历史档案馆，全宗号三九三，案卷号 2862。

珍贵史料:《钦天山气象台落成纪念刊》

气象台建成后，气象研究所撰写《钦天山气象台落成纪念刊》记录了气象台的建成过程。时任中央研究院院长的蔡元培为其题名，并写序。胡焕庸为作记:《钦天山观象台故址重建气象台记》。此外，纪念刊中还包括了北极阁图景、气象台景、气象研究所平面图，以及国立中央研究院的各种章程、通则、细则等。

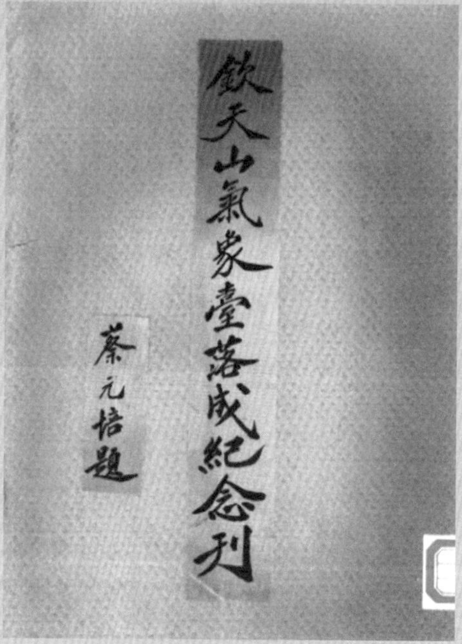

《钦天山气象台落成纪念刊》①

气象研究所在北极阁办公期间进行了许多学术研究，曾发行《气象季刊》《气象年刊》《气象杂志》等。其涉猎广泛，包括了南京的气象概括、全国的气象概括、研究人员的气象研究分析等，为我国气象事业的发展做出了很大的贡献。

① 大学院及中央研究院职员录及《钦天山气象台落成纪念刊》，收藏于中国第二历史档案馆，全宗号三九三，案卷号 2862。

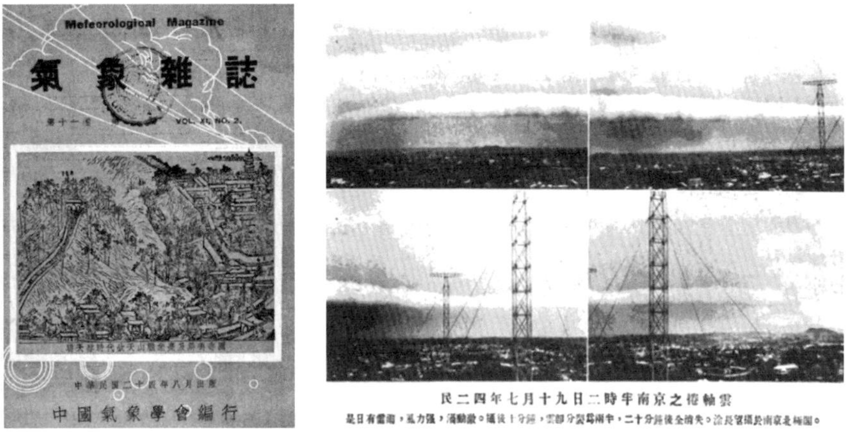

《气象杂志》1935 年 11 卷封面（左）和第 11 页南京气象记录图（右）[①]

（2）抗战西迁

在“九一八”事变后，日本公然发动侵华战争，当时的北极阁因地理位置原因，成为南京的军事要地，山上驻扎着高射炮部队等。1935 年 4 月 5 日即划为要塞区域，禁止行人通行。卢沟桥事变发生后，竺可桢所长见局势不好，于是派遣涂长望和钱逸云至金陵女子文理学院借了 3 间房屋，以备日后暂时办公，由于军队有占据北极阁房屋的趋势，后又增借 1 间。1937 年 8 月 13 日，淞沪之战爆发。14 日，竺可桢从杭州出发返回南京，沿途交通大乱，花费了 40 多小时终于到达南京。15 日起，南京遭到多次空袭，日常工作难以为继。因此，自 18 日起，南京各大报纸就不再登载本市天气预报。19 日傍晚，北极阁附近曾落下敌机炸弹，当时，气象台的玻璃震碎许多，电线被毁，晚间一片漆黑，所幸无人伤亡。在北极阁的山下就是空军司令部，这是敌军的重要轰炸目标。因此，会议商议一致认为北极阁不可久留。会后，部分职工迁往金陵女子文理学院进行气象观测。天气预报和观测人员等八九人仍选择坚守北极阁。部分职工已经去了汉口。而北极阁的天气预报部分则与航空委员会合作。

① 气象杂志 [Z]. 南京：中国气象学会，1935：2，11.

1937 年 11 月 5 日，日本侵略军在金山卫登陆；9 日，上海失守；18 日，苏州陷落；20 日，国民政府迁到陪都重庆。随着局势愈加紧张，南京军政当局命令疏散人口，气象研究所在南京的天气预报业务维持到 11 月 18 日被迫停止，23 日最后一批留守北极阁的职工也被迫撤离了。原在金陵女子文理学院的气象观测已于 10 月底停止，南京北极阁气象观测被迫于 11 月 23 日中断，北极阁上只有一名自愿留守的老工友（刘福藩）看管该所的房产、器材、图书、家具等①。12月13 日，南京最终沦陷。北极阁气象台气象工作的中断，使得竺可桢“希望有整整十年不间断的南京气象资料”的愿望未能实现（只差 40 天），这对于南京的气象观测事业是十分遗憾的。

1938 年初，气象研究所被迫从南京内迁重庆，后经历“重庆大轰炸”，气象研究所不得不再迁往北碚。1939 年 7 月，气象研究所在重庆北碚张家沱进行了两次短期的连续气象观测。1940 年 3 月，竺可桢到北碚视察工作，决定在北碚象山购买土地，修建办公区、宿舍及观测场。同年 11 月全部竣工。12 月，气象所迁入。新的象庄（气象研究所在张家沱的办公地点为旧象庄），建在水井湾的一块平地上，但因地势高，从张家沱看过去，像是山，所以叫象山。12 月 30 日，气象研究所建立的水井湾象庄地面观测场正式启用，每日观测 6 次，观测时间为 120° E 时区标准时间的 05 时、08 时、11 时、13 时、17 时、20 时。1946 年元旦起，观测时间改为 105° E 时区标准时间的 07 时、13 时、21 时三次。

1937 年 5 月 1 日，在竺可桢的主持下，曾在南京北极阁召开第一次委员会会议，一致同意呈请国民政府积极筹设中央气象局。不料两个月后。抗日战争爆发，筹设中央气象局之议也就被搁置下来。1939 年，气象研究所迁至重庆北碚后，由于当时抗日战争进入战略相持阶段，战局有所稳定，因此筹建测候网及全国气象行政机构一事又被提出。前事重提，这又引起了气象界及当局的关注。1941 年，经过中央研究院评议会研究，正式将筹设气象行政机构的要求转呈国民政府。1941 年 10 月，中央气象局终于正式宣告成立。从

① 陈学溶 . 中国近现代气象学界若干史迹 [M]. 北京：气象出版社，2012：36-40.

此，中国的气象事业才始有专司[①]。

竺可桢与陈汲、竺津、竺梅在重庆北碚寓所前合影（1940 年 4 月 3 日）[②]

（3）日本人在北极阁的气象观测及迁回北极阁

抗日战争时期，浙江大学曾西迁贵州。时任浙大校长的竺可桢，在贵州仍然坚持写日记。1945 年 10 月 8 日，竺可桢在日记中写下了这样一段话："……而北极阁气象所，据说有日本人森川先郎在那里做主任观测员，但图书馆尚未启封，内藏书籍不少，甚至龙蟠里之图书亦有迁移其中……还说天文台与气象所于上月卅日接收，气象台东西楼存有桌椅物品等，由陆军部封锁。图书馆下层有文物保管委员会书籍 250 箱，由教育部封存。楼上不能进，院内有百叶箱二个，测风仪，网球场仅留平地。气象台顶原有风向计仍在，水汀火炉还在，惟火表拆去，油印机被日本人抬走。半山收报室及宿舍两处一木无存，好铅皮电线一寸不留。电话有两只，现在未通，已登记。山上请有

① 温克刚 . 中国气象史 [M]. 北京：气象出版社，2004：333-334.

② 朱夏阳 . 气象研究所曾建在北碚，它的名字叫象庄 [EB/OL].（2020-10-20）[2022-04-02]. https：//www.cqcb.com/hot/2020-10-22/3159920.html.

保安两人，在山年久，情况很熟。现刘福藩与王兆成二人轮流看守。东邻宋部长官舍只留空屋，半山自来水马达机器已不在。”抗战胜利后，气象研究所在 1946 年 1 月对森川先郎等留下的天文气象仪器进行了暂时收归。1946 年 9 月，气象研究所终于搬回北极阁进行办公。

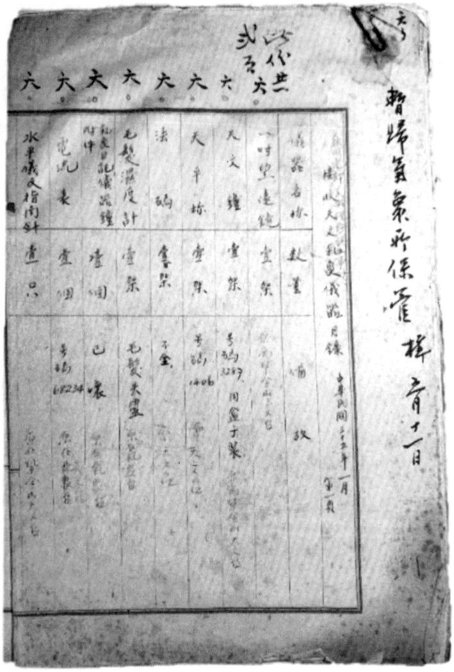

民国三十五年南京接受天文气象仪器（珍贵抗战文献）

第 4 节　伪水利委员会南京气象测候所

从古至今，水利和气象都有着密不可分的联系，无论是河道整治还是防洪减灾，都需要在水系、河道设立观测站，对气温、雨量、蒸发量等气象要素进行观测。为了进行气象观测，汪伪政府设立了伪水利委员会南京气象测候所，该测候所运行时间自 1940 年 12 月至 1943 年 1 月，是南京地区当时唯一的气象测候所。

从溯源的角度看，我国近代水利事业从北洋政府时期就已经开始建设了。1914 年 12 月，北洋政府在北京设立全国水利局，农商部总长张謇兼任水利局总裁，并令全国各省成立水利分局。1918 年 10 月，北洋政府发文《河川测验办法七条》，其中要求观测的项目包含了降水量、流量、水位等。

1922 年 1 月，北洋政府成立扬子江水道讨论委员会。此时的扬子江水道讨论委员会在上海设立测量处，处下有汉口、九江两个流量测量队和精确水准测量队、地形测量队。1928 年 2 月，中华民国建设委员会在南京成立，1928 年 12 月改称国民政府建设委员会，会议下设水利处，负责掌理全国水利工程建设和水文检验工作。扬子江水道讨论委员会于 1928 年 5 月由南京国民政府改组为扬子江水道整理委员会。1930 年 5 月，湘、鄂水灾频发，为解决这一问题，建设委员会决定成立湘鄂湖江水利委员会，但由于两省推诿未能成立，遂在南京设立湘鄂湖江水文总站，并接办扬子江水道整理委员会在湘鄂湖江设立的水文测站。

1935年 5 月，太湖流域水利委员会、扬子江水道整理委员会、湘鄂湖江水文总站合并，成立扬子江水利委员会，隶属全国经济委员会，并在南京设立水文总站。抗日战争爆发后，扬子江水利委员会西迁重庆。1938 年 5 月，在四川宜宾设立三等测候所，其观测至 1943 年 6 月。

根据前面的介绍，卢沟桥事变后几乎所有已知的南京地区测候所都已经停止了在当地的工作。尤其是在北极阁气象台内迁至重庆后，南京地区气象测候业务就一直处于半停滞的状态。但是气象水利工作对于交通农林事业都是十分重要的，汪伪政府亟待建设水利相关部门，以满足对水利工作的需求。

于是，汪伪政府水利委员会在 1940 年 3 月成立，其隶属于行政院，掌理“全国”水利行政事宜。1940 年 5 月，汪伪政府将水利测候所建设提上议程，南京地区的测候业务才得到了很好的补充。1940 年 12 月至 1943 年 1 月，汪伪政府在南京建设水利测候所，其所属单位为伪水利委员会，地址位于南京瞻园路。这部分气象记录使得南京的气象观测事业得到了延续。

1940 年 12 月至 1942 年 12 月，伪水利委员会南京二等气象测候所发行《气象报告》，共发刊三期，记录了当时的站址站貌和观测数据等。其中《水利委员会南京二等气象测候所成立之经过》一文详细介绍了当时的测候所是如何成立的："中日事变后，所有测候机关及水文测站，均损毁殆尽，致已具端倪之气象及水文记录，遂告中辍，良可惜也！……五月十八日本会第三次常务委员会议，设立南京二等测候所。"

在观测规范上，伪水利委员会测候所采用的依旧是 1937 年行政院公布的《全国气象观测实施规程》。并且依照此规程拟定本所章程及观测细则，测候所应该准备的仪器及记录表簿也全部按照规定进行准备。

在测候仪器方面，之前的观测仪器大多购买于西方国家，购买数月后才能交货，且运输时容易损坏。鉴于此，测候所选择在上海询问各行商，其中内田洋行有许多观测仪器，于是决定在此订购。1940 年 7 月下旬，主要仪器陆续运来到所，年底仪器交齐。其中，百叶箱、八十公分① 口径蒸发器和篦状测云器，由本所进行监制。

1940 年 7 月末，主要仪器安置完毕，观测场所布置妥当，并购买了电灯家具，场地和办公室也布置就绪。于是，观测所在 8 月 1 日开始正式观测。

资金方面，从筹备到成立，测候所相关建设共用银一万三千九百三十八元八角九分（1940 年 7—12 月）。"购置仪器九千零九十元五角九分，建设台架，布置场地和修葺房屋三千四百九十一元二角六分，装置仪器五百一十六元九角六分，购置器具什物及表册八百四十元零八分。经常费预算，每月八百二十元，年九千八百四十元"。

当时的测候场地位于南京瞻园路（32° 01’N，118° 47’E），海拔为 10 米。通过会内的运动场可以到达测候场地，场地有一个栅栏门，进门后有一行道，沿着行道走就可以到达百叶箱。而在测候场地中，安置了测云器、地温表、草温表、蒸发器、套盆蒸发皿、雨量器、虹吸雨量计。在测候场地的北部，种植了很多矮矮的草。

① 1 公分 =1 厘米，下同。

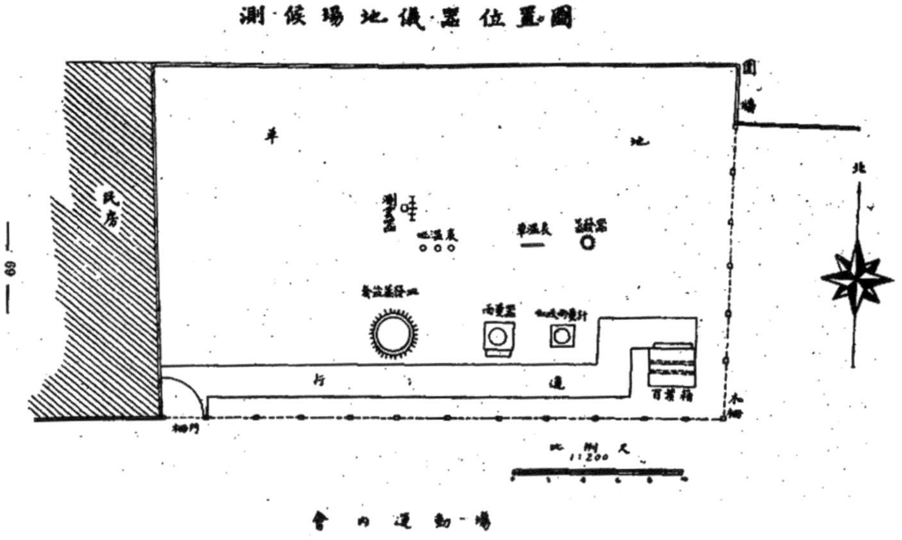

测候场地仪器位置图[①]

据后来统计，汪伪政府统治时期，全江苏省仅恢复与建设 19 个测候所，抗日战争胜利后又先后停止工作。到 1949 年时，全省只剩下 1 个气象台与 3 个测候所[②]。从南京地区气象事业的发展来看，汪伪政府的气象观测活动为南京地区的气象事业留存了珍贵的气象记录。

珍贵史料：伪水利委员会南京气象测候所站址图

场所设在会内，会内有房基一方，坡形宽阔，供测候场地有余，先去瓦砾，使平，在北部绕以短栏，植以浅草，将百叶箱，各种温度计、雨量计、蒸发器和测云器安置其中。东面修两间屋，放气压表、风速自记器和时钟，办公室也在这里。南部庭院建设测候台后台一座，台顶安置风向器、风速器及日照计，接近台顶以下之屋内，安置自记器。

① 气象报告 [Z]. 南京：水利委员会南京二等气象测候所，1940：1.

② 江苏省地方志编撰委员会. 江苏省志 · 气象事业志 [M]. 南京：江苏科学技术出版社，1995：20.

测候场地

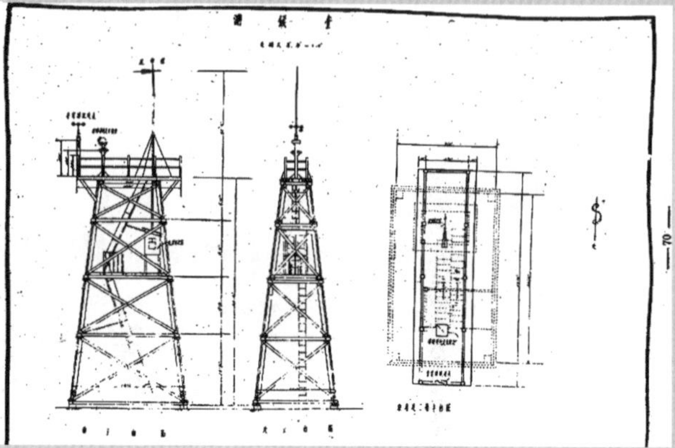

测候所外景

测候台

伪水利委员会南京气象测候所站址图

珍贵史料：日伪气象记录

在南京国家基准气候站留存的档案中，保留着1943年1月的日伪气象记录。新中国成立后，本资料由华东军区司令部气象处保存，其中记录着民国三十二年一月南京气象纲要、南京逐日气象要素平均表、南京逐日气象要素平均变迁图等。

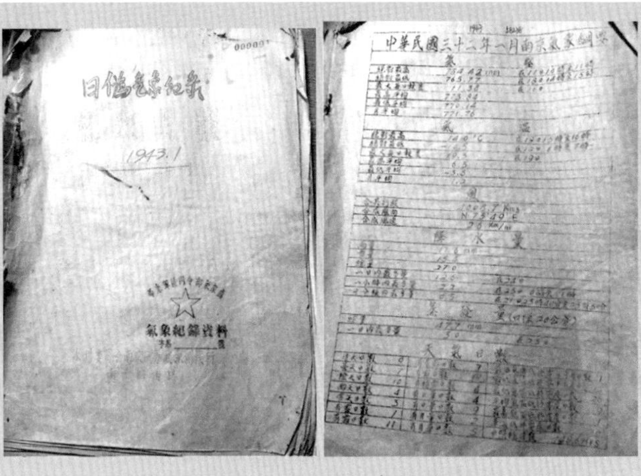

1943 年的日伪气象记录

1943 年 1 月的日伪气象记录中，汪伪水利委员会成立的测候所被标记为一等测候所。而伪水利委员会测候所制作的《气象报告》则标记为二等测候所。根据当时的测候所的等级和观测仪器要求，作者认为当时的伪水利委员会测候所为二等测候所规模。

第 5 节　航空测候所

飞机的飞行对气象信息的需求很高，规模较大的航空公司在接收其他气象机构提供天气信息的同时，往往也会建立自己的气象测候所。民国时期，在南京境内设置航空测候所的航空公司共有三家，分别为中国航空公司、欧亚航空公司和航空委员会。其中，属于中国航空公司的南京民航测候所（后变为气象台）开办于 1929 年 10 月，其工作地点为南京新街口，观测场所为明故宫机场，1946 年起有两名专职气象员。欧亚航空公司于 1931 年 3 月在南京设有一处测候所，由无线电员掌管测候工作；1943 年，欧亚航空公司改组为中央航空公司。航空委员会于 1930 年在南京太平巷设立第一测候所，所长一人，测候员两人。以上各航空测候所均于1949年停办[①]。这些航空公司设立的测候所进行了丰富的气象观测，具有较大的实践意义。

（1）中国航空公司所属气象台站

1928年6月，南京国民政府交通部开始筹办民用航空事业。1929年5月1日，中国航空公司在南京正式成立，并在南京修建机场。1929年10月，中国航空公司在南京成立民航测候所。

1929年，中国航空公司开辟上海至南京航班，飞机起降于南京明故宫机场。中国航空公司的飞机没有无线电通信和导航设备，靠各机场地面电台传递气象资料至上海通讯总监，再由总监转告机组。南京气象测报由2名报务员兼任。因报务员不是经过专门训练的气象观测员，加之没有完备的气象设备，所以只能提供大概的机场能见度情况。当时的气象设备有：1台JuuneP & Sons风向仪及测验风速器，气压表、温度表各1只。平时工作次数除飞机特用报告外，每日07时40分和13时30分各发送一次气象测报。

1930年7月，国民政府交通部与美国飞运公司合作，扩建为中美合资经营的更大的中国航空公司。其中，中国航空公司经营三条航线。1937年后，南京民航气象测报一般每小时向上海发送1次，必要时半小时发送1次。测报内容为云状、云量、云幕高、能见度、天气状况、风向、风速、温度、露点、高度表拨正值等。南京民航的高空风测报由南京北极阁气象研究所代测。这些测报内容编成“UCO”电码，通过中国航空公司自设电台互相传递。抗日战争爆发后，南京等地沦陷，中国航空公司的一些航线被迫停运。

抗战胜利后，中国航空公司总部从重庆迁往上海，其航空业务不断扩大，机场气象台站也增加。恢复和新设机场气象台站包括南京民航测候所（扩建为气象台）在内的18处。至中国航空公司迁移上海之前，中国航空公司所属气象台站达50处，均设在各地机场内。

---

① 江苏省地方志编撰委员会.江苏省志·气象事业志[M].南京：江苏科学技术出版社，1995：11.

1946 年，中国航空公司先后撤销了汀江的气象站、加尔各答的气象室，将它们分别迁往上海龙华机场、南京明故宫机场。随后逐步在国内飞行航线的起讫点机场配设气象员，负责供应航空天气报告和航路、航站天气预报[①]。

1949 年，中国航空公司迁往香港，中国人民解放军对其所属气象台站进行接管。

（2）欧亚航空公司所属气象台站

随着航空需求的增加，国民政府交通部参与创办了欧亚航空公司，促进航空领域扩大发展。1931 年 2 月，国民政府交通部与德国的汉莎航空公司开始合办欧亚航空公司。1931 年 3 月，欧亚航空公司在南京设立了一处航空测候所。

1937 年 10 月 8 日，为安全起见，欧亚总公司从西安迁到昆明。1943 年 3 月，欧亚航空公司改组为中央航空公司，隶属国民政府交通部。抗战结束后，开始恢复建设，至 1948 年，中央航空公司恢复和新设机场气象站共 18 处，公司的总部气象台设在上海龙华机场。

1949 年，中央航空公司迁往香港，中国人民解放军对其所属气象台站进行接管。

（3）国民政府空军所属气象台站

气象情报对战争能否取胜至关重要，故军事工作十分重视收集气象信息和进行气象预报。

1928 年 11 月，南京国民政府成立军政部，军政部下设有航空署。军政部航空署成立以后，设置专门岗位管理空军气象工作，并且于 1930 年在南京太平巷建立了航空测候所，陈嘉棪成为首位所长。1930 年底，航空署由南京迁往杭州，1933 年又迁往南昌。1933 年 11 月，航空署改隶军事委员会。1934

① 王乃天 . 近代中国民航史稿 [M]. 北京：中国社会科学出版社，1987：155.

年夏，航空署扩编国民政府航空委员会，成为国民党空军系统的最高行政机构。随后，南京的测候所更名为航空委员会第一测候所。1936 年，航空委员会迁回南京。

卢沟桥事变后，航空委员会为适应抗日形势进行改组，委员会成立空军指挥部，下设气象科，朱文荣任科长。

1939 年 1 月，航空委员会迁至重庆。鉴于气象预报和气象情报对航空飞行活动的重要性，航空委员会成立气象总台，朱文荣兼任总台长，将气象情报和气象预报提供给航空委员会和有关部门，并负责全国各地空军气象台站的技术督导工作。同时，为配合抗日工作，航空委员会共设立16个空军总站，总站设有测候区台，测候区台下设若干机场测候台，在中国西南地区形成较为密集的测候站网，以便开展气象观测和空军飞行气象保障服务。

抗战胜利后，航空委员会重庆气象总台顺利迁回南京。1946 年 8 月，国民政府航空委员会改组成立空军总司令部，空军总司令部下设直属气象处，朱文荣任处长。1948 年年底，空军总司令部气象处撤往台北，气象人才和资料因此流失。

人物档案：我国高空探测的开拓者朱文荣[①]

1930 年 1 月 18 日，我国的测风气球（Pilot Balloon）首次从朱国华（文荣）手中释放升空。以后不论寒暑，只要天朗气清，朱先生每天都要亲自带领助手进行高空风的观测。他经常要顶着烈日、冒着寒风，在北极阁山顶上坚持约 1 小时，积累极其宝贵的高空风资料，并每年都把这些丰富的资料编纂成《高空气流观测纪录》一册，供研究和交流之用。他曾详细介绍了高空风测候的原理和方法，论述了高空风的演变及其与天气之间的关系等。这对于推动我国某些气象台站相继增添高空风观测业务产生了积极的作用。

气象研究所在 1931 年 10 月以前，曾用大号氢气球携带气象自记仪

① 陈学溶 . 中国近现代气象学界若干史迹 [M]. 北京：气象出版社，2012：253-254.

器升空测候，但皆未能收回，因此，从 1931 年 10 月起商请参谋本部测量总局代为驾驶飞机，携带气象自记仪盘旋而上，升入高空，以记录各高度上的压、温、湿等项。此项任务最初由所中的许应期和黄逢昌两位先生负责，但不久就改由朱文荣了。从 1930 年 5 月起，气象研究所按照国际规定的高空测候日期，常常施放探空气球（Sounding Balloon）。那时无线电探空仪（Radio Sonde）虽已发明，但量少价昂，尚未普遍采用。气象研究所施放的探空气球，在高空爆破后，其所携带的气象自记仪即利用展开的降落伞下降，虽经登报悬赏，请拾得者通知气象研究所，但皆杳无音讯，未能收回。直到 1936 年 3 月 16 日施放的那一次，才于 3 天后收到南通乡民何奎生的信，气象研究所遂派人前往给予奖金，并取回仪器。这次探空气球升高到 17714 米，获得了东亚各国第一次进入平流层的压力、温度、湿度气象资料，弥足珍贵。

从那时起，气象研究所又多次获得南京地区附近上空的探空资料。在朱文荣的努力工作下，我国高空探测有了很大的进步。

第 6 节　国防部第二厅的所属南京一等气象站

这些气象台站，有的是大学设立的，有的是政府设立的，有的则是与外国人合作设立的。其中，中美合作所下设气象站在第二次世界大战时，为中美双方提供了许多气象方面的帮助。

1941 年 12 月 8 日，日本偷袭珍珠港事件发生后，美国向日本宣战。为了美国的太平洋舰队对日作战需要，美国方面与国民政府军统方面商讨有关交换日军海陆空军事情报、搜集中国大陆气象情报、训练游击队、挺进日军后方、协助美军在中国沿海登陆作战、共同迅速歼灭日寇等事宜。经协商，美方可以接近并利用中国的情报组织，为美军对日战争服务。作为交换条件，美方将提供设备以及培训中方人员，提高其情报能力及战斗力。于是，1943年4月，中美特种技术合作所正式成立了，简称“中美合作所”。中美合作所下设多个气象站，在抗日战争胜利后，于1946年8月移交中方，其中就包括了后来改制的国防部第二厅所属南京一等气象站。

美方对于气象信息的需求是十分强烈的，特别是西太平洋地区的气象情报，因为这事关太平洋战场的局势。西太平洋的气候变化和大陆地区十分相关，因此必须在大陆设立气象观测站，以获得气象情报，方便西太平洋舰队对日进行海、空作战。而国民政府的军统方面是最严密的通信机构，可以保证战时气象情报工作需要的健全、秘密。因此，借军统开展气象技术合作就成了中美合作所最重要的项目之一。

中美合作所的气象技术合作，主要有两方面：一是成立气象训练班，培训气象人员；二是建立气象总站和台站，进行气象观测和天气预报，为美军提供气象情报，实施气象保障服务。在此期间，中美合作所共培训了200多名气象人员，并相继在全国建立了165个气象站和通信电台。这些举措为盟军打击日本军队提供了大量的气象情报，并发挥了重要的作用，也为抗日战争的胜利做出了积极的贡献。在抗日战争胜利后，中美合作所完成了历史使命，便停止在中国的活动。随后，1946年3月，中美合作所解散。8月，其所属的气象机构全部由国防部第二厅接管，并调整改编。国防部第二厅接管中美合作所气象台站后，美国人陆续回国，所有器材移交中国方面。

1946年，建立在国立中央大学气象系内的国防部第二厅所属南京一等气象站，原属于中美合作所，在其移交国防部第二厅之后，国防部第二厅上海气象总站与国立中央大学气象系合作共同建设。作为一等站，此站的业务有地面观测、高空风观测和无线电探空观测三种。地面观测每日24次，高空风观测每日2次，无线电探空观测每日1次。

1947年6月，政府下令所有气象台站均由中央气象局领导。因此，国防部第二厅又调整整编所有台站成41处气象台站，其气象人员归中央气象局，通信人员归民航电讯总台。在这41处移交的气象台站中，就包括了国防部第二厅所属南京一等气象站。此气象站在被接管之后，站内的气象仪器，经中央气象局批准，移借国立中央大学气象系继续使用。该气象站最终于 1949 年停办。

第 7 节　中央气象局气象总台

抗战胜利后，我国各行业百废待兴，气象系统同样处于战后恢复状态。1941 年 10 月，中央气象局在重庆成立。1946 年 9 月，中央气象局、气象研究所一同从重庆迁回南京，并继续在北极阁进行临时办公。1947 年 11 月，南京国民政府设立中央气象总台，承担南京的观测工作。1948 年 2 月，气象总台由于战事逼近，选择迁移上海，由部分留守的中央气象局人员维持日常气象观测。1948 年 9 月，中央气象局决定迁往中山北路西流湾新址，成立“南京气象站”①。

1947 年 11 月 29 日，国民政府公布中央气象局的组织规程，中央气象局气象总台成立。该台作为中央气象局的测报中心，最初设在南京市北极阁 2 号。气象总台下设一、二、三、四 4 科，分掌关于航线台站技术行政督导与考核，地面、高空观测，天气图表绘制与印行，沿海台风警报，国际气象情报供应与交换，逐日定时预报天气，航路天气报告的搜集及航路天气预报与其他有关气象观测及报告等事项。台中设置台长 1 人，1948 年 1 月起，由卢鋈担任；中央气象局技术处处长程纯枢兼任副总台长；此外，台内有科长 4 人，科员、办事员、雇员及技术人员若干人②。

当时的中央气象局所属台站所的设置情况如下：成立初期，仅接办气象

① 吴增祥 . 中国近代气象台站 [M]. 北京：气象出版社，2007：97.

② 江苏省地方志编撰委员会 . 江苏省志 · 气象事业志 [M]. 南京：江苏科学技术出版社，1995：34.

研究所所属的17个测候所；改隶教育部时，增至45处；抗日战争胜利后，又接收沦陷区一些站所；改隶交通部前夕，增至52处，还有雨量站66处；以后，又奉令接收国防部第二厅下属的气象总站与分站41处。从此，中央气象局便以局为总枢纽，组织全国气象网。据1947年12月底统计，总共有1处总台、8处区台、57处气象站、49处测候所①。在解放战争中，大批台站停止工作，至南京解放前夕，中央气象局直属台站仅剩69处②。

人物档案：中国动力气象学创始人赵九章

赵九章，1907年10月15日出生于河南开封，籍贯浙江吴兴。1933年毕业于清华大学物理系，后赴德国攻读气象学，1938年获德国柏林大学博士学位。回国后，曾任清华大学、西南联合大学、国立中央大学等校教授，清华大学高空气象台台长。

1936年，竺可桢调任浙江大学校长，仍兼任气象研究所所长。由于战争、迁徙，环境恶劣，又无得力之人主持，研究所的工作曾一度一蹶不振。竺可桢多次提出要辞去浙江大学校长职务，或气象研究所必须有得力之人来主持，直到聘用赵九章为代理所长的建议得到批准③。1944年1月，由竺可桢推荐，任中央研究院气象研究所代理所长，同年4月，由昆明迁去重庆北碚上任。任所长期间，气象研究所人才济济，学术氛围浓厚，学术成果颇多。

在赵九章的带领下，气象研究所取得了可喜的成就，对此竺可桢十分赞赏，曾多次表示“余喜托付得人”，并在日记中写道：“物理为气象之基本训练，日后进步非从物理着手不行，故赵代所长主持，将来希望自无限量。”1945年3月18日，竺可桢在日记中再次写道：“九章到所9个月，作事极精明，余喜托付得人，故此时必须将气象研究所所务辞

① 吴增祥.中国近代气象台站[M].北京：气象出版社，2007：239-240.

② 吴增祥.中国近代气象台站[M].北京：气象出版社，2007：87.

③ 吴阶平，钱伟长，朱光亚，等.赵九章[M].贵阳：贵州人民出版社，2005：.29.

去，不能恋栈如此也。”竺可桢对赵九章的工作给出了极高的评价和肯定。1946 年 8 月，竺可桢再次提出辞去气象研究所所长职务，推荐赵九章接任[①]。

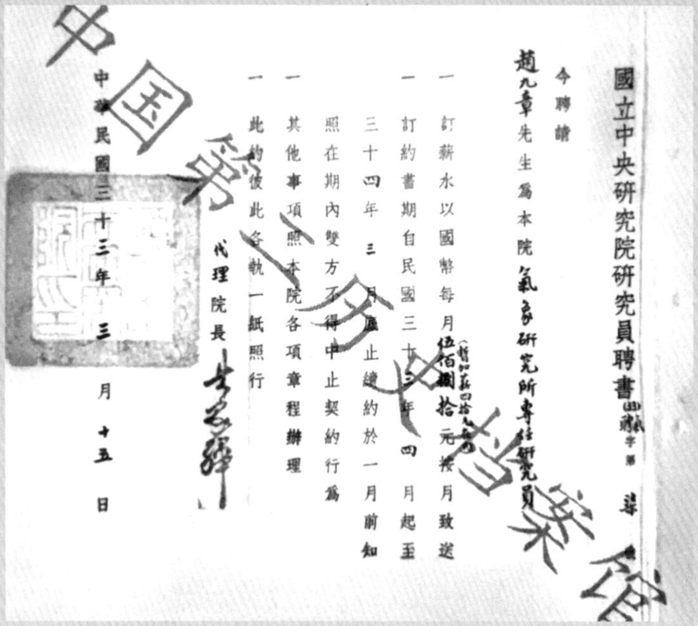
國立中央研究院研究員聘書 聘字第 號
今聘請
趙九章先生為本院氣象研究所專任研究員
一 訂薪水以國幣每月伍佰捌拾元按月致送
一 訂約書期自民國三十三年四月起至三十四年三月底止續約於一月前知照在期內雙方不得中止契約行為
一 其他事項照本院各項章程辦理
一 此約彼此各執一紙照行
代理院長 朱家驊
中華民國三十三年三月十五日

1944 年赵九章聘书[②]

抗日战争胜利后，中央研究院于 1946 年迁回南京北极阁。9 月下旬，气象研究所回到北极阁重整旗鼓，准备开始正常的科研工作。12 月，赵九章自美国乘船回到上海，几日后便回到南京继续带领所内年轻一代气象工作者开展气象科研工作。1947 年，气象研究所刚从重庆迁回北极阁不久，正是百废待兴之时。赵九章这一年派出一些研究人员出国深造，张宝堃去美国、顾震潮去瑞典、朱岗崑去英国……他们学成回国，日后都成为著名的气象学家。朱岗崑出国时，家庭经济困难，其

① 刘世英 . 10 位功勋人物的奇迹背后 [M]. 北京：中国铁道出版社，2009：154.

② 聘用赵九章的书信，收藏于中国第二历史档案馆，全宗号三九三，案卷号 2879。

夫人身体不好，暂不能工作。赵九章当即决定保留朱岗崑70%的工资，学成回国，再回气象研究所工作，这样解决了朱岗崑的后顾之忧。朱岗崑先生一直念念不忘赵先生对他的扶助之恩[1]。

1947年赵九章（前排左二）与国立中央大学气象系[2]

为了保护气象研究所中的仪器设备、图书和多年苦心经营积累下的珍贵气象资料，时任气象研究所所长的赵九章决定将气象研究所暂时迁至上海。中央研究院准备迁往台湾时，国民党当局曾多次命令赵九章率整个气象研究所迁台，但都遭到了赵九章先生的拒绝。赵九章如是说："只要我在，研究所就不会再搬！"他选择坚守，并把研究所和这么多年辛苦保留的资料、仪器等都留在大陆。1949年5月，气象研究所终于重新迁回北极阁，这为日后建设新中国的气象事业提供了宝贵的力量。

① 吴阶平，钱伟长，朱光亚，等.赵九章[M].贵阳：贵州人民出版社，2005：38.

② 国家空间科学中心.重才善教的赵九章[EB/OL].（2021-02-01）[2022-02-25].https：//new.qq.com/rain/a/20210201A0BAAA00.

赵九章除了完成繁重的所长工作外，还承担研究课题，同时兼任国立中央大学教授，在那里讲授动力气象学。他的学生章震越回忆说：“抗战胜利后，中大从重庆复员到了南京，我们进入大学的时候，得知赵九章所长将负责我们的动力气象学的教学，我们的高兴劲儿是难以形容的。”

第 8 节　中央气象局南京气象站和南京办事处

1949 年 1 月，中央气象局在中山北路西流湾成立南京气象站，随后成立中央气象局南京办事处[①]。在此之前，中央气象局在南京是没有设立局属气象站的。1949 年，中央气象局南京办事处与南京气象站成立后，总台便不存在了。而在中央气象局南京气象站和南京办事处成立的背后，是一段令人难忘的红色记忆。

抗日战争结束后，气象研究所和中央气象局气象总台等重要机构都已经迁回南京并进行办公。此时，国共矛盾却愈演愈烈，在这种情况下，南京地区气象人员和机构的变动对于我国气象事业的发展至关重要。1945 年，中国共产党历史上第一个气象台——延安气象台成立，曾在延安气象台工作的曾宪波，接受组织安排，在渡江战役胜利后，在 1949 年 6 月 19 日带领一组气象人员到达南京，开展接收南京气象站工作。此外，中共地下党组织的施雅凤、朱克贵联系冯秀藻，为中央气象局南京办事处留守南京并与中国人民解放军汇合做出了很大的贡献。

1948 年，中央气象局秘书李鹿苹带部分人员随国民政府迁至广州，并在

① 江苏省地方志编撰委员会 . 江苏省志 · 气象事业志 [M]. 南京：江苏科学技术出版社，1995：3，34-35.

广州成立中央气象局广州办事处。而中央气象局气象总台的一、四两科则迁至上海，与上海气象台合并。这样一来，中央气象局在南京的人员就从100多人骤然下降到了40多人。为了让在南京的工作人员继续留守且得到保护，中共地下党组织中地理研究所的施雅风、国立中央大学农学院的朱克贵两人先后与中央气象局技正冯秀藻联系，建议冯秀藻以维持日常气象观测与预报业务，使得积累几十年的气象记录不至于中断，同时向时任中央气象局局长吕炯建议成立南京气象站。在获得吕炯和时任气象总台台长卢鋈的支持后，南京气象站在中山北路西流湾成立，冯秀藻任气象站主任。南京气象站下设观测、预报、报务、总务4个组。当时，以气象站的名义向交通部领取经费和配给物资十分困难，并且气象站是不被允许设置电台和制作预报的。为避免引起怀疑，使得留守的人员能在南京坚持下去，冯秀藻建议吕炯设立中央气象局南京办事处，吕炯综合考虑后欣然同意了。于是，冯秀藻兼任办事处主任，两块牌子，一套人马。后吕炯便离开南京去了上海。根据1949年4月23日员工清册显示，当时的南京气象站和办事处共有人员29人，其中有工友8人。为给中国人民解放军渡江提供气象保障，施雅风多次向冯秀藻要求私下制作天气预报。冯秀藻联络了束家鑫，每天下午准时将长江中下游的分段天气预报送给施雅风转中共地下党组织，从2月起，一直到中国人民解放军占领南京，从未中断①。

1949年上半年，中国人民解放军锐不可当，百万雄师下江南。气象人员跟随解放军，很快就接收了南京地区的气象机构，并迅速建立起属于人民政权的气象台站。

1949年6月24日，曾宪波离开南京去了上海，并留下傅涌泉等候接管南京气象站。傅涌泉在《平凡的足迹》中记录了当时的情况："……党的地下工作者在这里已经做了大量工作，保护公共财物，团结民主进步人士，争取爱国力量，南京气象站负责人冯秀藻就是一位进步民主人士，与中共地下党有联系，在南京气象站顺利接收过程中起了很重要的作用。我们去前，南京气象站已被水利部门接收，我们是从水利部门接收过来的。我这时的职务是军

① 温克刚．中国气象史[M]．北京：气象出版社，2004：335.

事联络员。年底上海气象台大部分人员迁至南京与气象总站合并，新组建了华东航空气象处，负责管理华东五省一市的气象工作。气象处下设组，吕东明和曾宪波负责军事气象组，我和束家鑫负责观测组。黎明的曙光初照南京城，一切都要从头开始，人手少，事务繁杂，忙忙碌碌。”①

自此，南京地区的气象事业在风雨飘摇之中，安稳扎根。而气象研究所等人员和机构的留守，则为我国的气象事业发展保留了重要的力量。

冯秀藻

施雅风

朱克贵

人物档案：著名农业气象学家冯秀藻

冯秀藻，字洪华，长沙人。1934 年考入国立中央大学，适逢“一二九”学生运动，受进步同学影响，于 1936 年参加了南京秘密学联，积极参加抗日救亡运动。1938 年加入中国共产党，1939 年因“托派”嫌疑失掉党的关系，但丝毫没有动摇对共产主义的信念，他 3 次寻找党组织，并尽一切可能为党做些有益工作，如抗战初期从事救亡宣传②。1941 年 7 月，冯秀藻从地理系气象组毕业。

解放战争后期，国民政府方面在战争中节节败退，国民政府曾要求

① 《延安时代的气象事业》编纂委员会.延安时代的气象事业[M].北京：气象出版社，1995：183.

② 许康，许峥.湖南历代科学家传略[M].长沙：湖南大学出版社，2012.

冯秀藻一同南迁并出任厦门气象台台长，这遭到了冯秀藻的拒绝。此时的他选择了坚持日常气象业务，以避免南京气象记录中断。与此同时，在南京中共地下党的领导下，冯秀藻想方设法进行反搬迁斗争，努力帮助技术人员获得合法身份，并留在南京。此外，他还组织秘密读书会，传阅与讨论许多红色著作，团结了许多留守的知识分子。

之后，由冯秀藻牵头成立了南京气象站应变委员会，派人日夜巡逻警卫，保护国家财产和气象档案资料。后来，气象台遗留银元数百元、黄金数十两，以及粮食万余斤，他说服大家悉数交给国家。他联合国立中央大学气象系，发起成立了新中国第一个气象学会——中国气象学会南京分会[①]。

20世纪60年代初，受中央气象局重托，创建南京气象学院。朱和周、王鹏飞、冯秀藻分别筹建最早的三个系科——天气动力系、大气物理系和农业气象系。冯秀藻带领年轻教师，跋山涉水调查研究，制定教学计划，组织编写教学大纲与教材，他亲自讲授气象学、气候学、中国气候、农业气象学原理等课程。

冯秀藻时时事事以党员标准要求自己，对工作任劳任怨，对同志积极热情，终于在1985年重新加入中国共产党。

---

① 冯资荣，冯秀藻．中国农业气象学的拓荒者[EB/OL].（2020-08-15）[2022-04-26].http：//www.feng0762.com/thread-50112-1-1.html.

第 5 章

气象众星拱北辰

民国时期，气象观测发展与人才培养如星点般散落在南京的各个台站。而这些台站的日常工作，又与南京的核心气象机构有着紧密的联系。

辛亥革命以来，我国气象事业发展始终处于曲折之中。南京地区的气象事业是近代中国气象事业发展的源头，至1928年中央研究院气象研究所建立，引领全国气象组织开始蓬勃发展。第 4 章中介绍的气象台站组织各不相同，且行业相距甚远，如国立东南大学地学系气象测候所属于教育机构建设的测候所，伪水利委员会南京气象测候所属于汪伪政府水利部门，而航空测候所和国防部测候所又分属于航空署和国防部，其规模性质都存在较大差异，本书只是简略记述其设立信息。

本章关注南京的核心气象机构：北极阁气象台和中央气象局，详细介绍了它们的发展历程。那么，北极阁气象台的组织架构是怎么样的？在北极阁学习或工作的又有哪些人？职员薪给和经费预算又是如何安排的？中央气象局的组织架构和业务发展是怎样的？这些问题会在本章进行探究。

第 1 节　北极阁气象台

（1）组织架构

在民国十七年气象研究所的大事记中，有这样的记载：“1928 年 1 月 1 日，本所借居大学院于该院花苑内设立测候所，由竺可桢主持其事，并委任刘治华，沈孝凰，全文晟三君从事观测是本所建设之始。”①这便是气象研究所建设的开端。

《国立中央研究院气象研究所章程》中这样规定着研究所的组织建制：“气象研究所设置所长 1 人、秘书 1 人，所长以下分为气象观测与气象研究两组，每组各设一位组长：所中重要事务由所长、秘书、各组组长、专任研究员组成的所务会议决定，日常事务由所长决定。”②但是，由于当时中国的气象人才是十分匮乏的，因此研究所内职员少、任务重成为发展的一个很大的制约，所中很多人都是身兼多职，如：“观测员除担任观测外，同时兼任制图预报、仪器管理及文牍会计出版等职，研究员及助理员亦同时兼理所务行政焉。”③

在气象研究所的建设中，一个正规的气象台必不可少。1928 年 3 月，气象研究所选定钦天山观象台故址建设气象台，并于 12 月完工。气象研究所建成后，建筑共有气象台 1 座、图书馆 1 座，以及气象研究所办公楼、宿舍和地下室等。北极阁气象台由气象研究所所长负责，观测组的工作地点主要为北极阁气象台，而研究组的主要工作地点则为研究所办公楼。同时，这里也是

气象研究所全景

气象研究所图书馆

① 大学院及中央研究院职员录及《钦天山气象台落成纪念刊》，收藏于中国第二历史档案馆，全宗号三九三，案卷号 2862。

② 国立中央研究院气象研究所章程，收藏于中国第二历史档案馆，全宗号三九三，案卷号 2948。

③ 国立中央研究院文书处.国立中央研究院总报告（民国十七年度）[Z].南京：国立中央研究院总办事处，1928.

气象研究所的科研和气象学员培训基地。气象人员在此进行观测，观测资料定期发表于气象研究所的学术期刊上。

就是在这样艰苦卓绝的情况下，北极阁逐渐汇集和培养了当时中国的大多数气象人才，帮助我国气象事业一步步发展起来，气象力量不断壮大。

（2）人员名录

1937 年气象研究所迁离南京之前，研究所的办公楼、宿舍和气象台是紧密相连的。因此，所内的工作人员基本都曾在北极阁气象台中工作过。在气象研究所的发展过程中，气象人才队伍也在不断壮大着。

气象研究所的历任所长共计 4 人，其中，竺可桢为第一任，其在 1928 年 6 月至 1936 年 10 月任所长，1936 年 10 月至 1946 年 12 月兼任所长职务。吕炯为第二任，其在 1936 年 10 月至 1943 年 6 月任代理所长。郑子政为第三任，其在 1943 年 6 月至 1944 年 5 月暂时任代理所长。赵九章为第四任，其在 1944 年 5 月至 1946 年 12 月任代理所长，1946 年 12 月至 1949 年任所长。

1928 年，气象研究所建设之初，职员少、任务重。为此，竺可桢不断争取人员编制，以适应气象科技事业发展的需求。至 1935 年，职员已经发展到了 56 人。

从 1928 年初气象研究所筹备之日起，到 1937 年抗战全面爆发，气象研究所迁离北极阁为止的不到 10 年期间，先后在北极阁气象研究所工作过的职员约有 120 人。在这 120 人中，约有半数在 1936 年底以前先后离开了该所，这主要是该所为了输送人才到全国其他的有关单位去开创或充实气象工作所致。当时，我国专职的气象人员不过几百人，技术骨干更是寥寥可数。到 1937 年 4 月，中国气象学会的个人会员（普通会员）全国只有 228 人。因此，南京北极阁在当时有中国气象人才摇篮之称。

在所中工作过的人员以及和该所有关但未曾在所任职的技术人员名单汇总如下：

抗战前在所中工作过的人员以及和该所有关但未曾在所任职的技术人员名单①

时间节点	担任职务	人员名单
1937 年仍在气象研究所及其当时直属的 11 个测候所（气象台）的人员	研究员兼所长	竺可桢（藕舫）
	研究员兼代理所长	吕炯（蕴明）
	通信研究员	蒋丙然（右沧）
	研究员	涂长望
	副研究员	石延汉
	副研究员	古罗丁（Ivan Groodin）
	测候员（9 人）	张宝坤（豹昆）、黄逢昌（仲辰）、郑宽裕（子政）、朱文荣（国华）、金咏深（渊冰）、卢鋈（温甫）、沈玠双（次由）、胡振铎（金如）、王廷璋
	助理员（4 人）	程纯枢（忆帆）、汪国瑗、幺振声（枕生）、郭晓岚
	报务员（3 人）	樊翰章（蜚君）、何元晋（清隐）、王毅
	测候生（33 人）	范惠成、邹祥伦、金廷秀（即池国英）、吴永庚（赓）、瞿邃理（雪如）、金加棣（子锵）、许鉴明（秋水）、曾广琼、杨鉴初（亮斋）、薛铁虎（御风）、陈学溶、徐勉钊、徐延煦、蒋瑞生（即蒋萃，留职停薪）、杜靖民、斯杰（庚寿）、冯天荣、高学文、顾侠（绍明）、尹世勋、景再清、张守谦、秦化行、王兴基、孙孺范、蔡秉久、朱岗崑、肖望山、李恒如、王履新、谢鸿昌、何元成、陈登元
	统计生（6 人）	陈俊玉、赵海、曾树荣、陈五凤（志倩）、胡铁岩、朱翠芳
	绘图员	梁实夫
	事务员（2 人）	庄耄璋（敏求）、陈士毅（明光）
1936 年底以前先后离开气象研究所或其直属台、站的人员	研究员	胡焕庸（肖堂）
	研究员兼秘书	许应期
	编辑员	诸葛麒（振公）
	测候员（10 人）	全文晟（曦堂）、刘治华、黄应欢（厦千）、沈孝凰（鸣雍）、王学素、沈思玙（鲁珍，兼职不兼薪）、陆鸿图（展叔）、朱炳海（晓寰）、杨昌业、李良骐

① 陈学溶.南京北极阁曾是中国气象人才的“摇篮”[J].大气科学学报，2014，37（5）：671-672.

续表

时间节点	担任职务	人员名单
1936 年底以前先后离开气象研究所或其直属台、站的人员	测候生（26 人）	丁灿、周荫堂、张懋德、吴持柔、章克生、廖能国、史镜清、刘粹中、吴悟涯、殷来朝、周朝阳、徐宝箴、汪桐、赵树声（恕）、罗月全（素人）、毕梦痕、姜亚光、邹新助、黄绍先、顾钧禧（深君）、周桂林（政国）、徐守谦、孙毓华（西岩）、贺其华、朱启奎、涂翔甲
	统计生（13 人）	杨义久、丁友兰、许志方、郭文秀、李祥璠（伯鲁）、杜清寰、严道春、王庭芳、林兆型、全飏生、余树声、焦寅（啸谷）、吴其瑞（霄驶）
	工程员	高常泰（琪珊）
	绘图员	章高炜
	事务员（7 人）	柳定原、王伊曾、胡德懋、赵颐吉、宗光炽、陈光焱、章亮熙（定盦）
抗战前在气象研究所练习班学习期满，但未在本所或本所所属台站任职过的学员	第一届气象练习班（12 人）	朱立三、陈寿昌、李景昀、张季慎、纪骏、毛显章、卢启迪、周朴、张东昌、柴栋生、张明理、徐式训
	第二届气象练习班（7 人）	赵福临、林树九、严振飞、宛敏渭、白俊贤、李永燮、游学泽
	第三届气象练习班（招考，10 人）	李健、顾金甫、姚善炯、严之永、戚启勋、何明经、干之耀（即周善朋）、孙以诚、左效光、李成章
	第三届气象练习班（保送，13 人）	杨则久、欧阳楚豪、赵春吾、陈遵民、赵卓、杜登汉、刁钦奎、刁纯益、顾庆云、斯之和、钟侃、文君毅、余彭年
抗战前曾来北极阁气象研究所实习，但未任职过的气象人员		高振华、谢高望、吴树德、陈秉仁、朱允明、李兴西、张雪蕉、韦逸农、田圃、萧强、赵锡鹏、秦化行、廖国侨、唐瑞青、蔡宗吾、刁德顺、李毅艇、刘约、武克轩、韦逸农、赵九章、杜登汉、赵卓、文君毅、霍锡卿、黄桂森、蒋荫松、李×晖、王炳庭、李春田、林孝涛、卢桢、邱朝光、方兴亚、谢焕先、丑进颐、万国良、吕笠渔、庄鸣山、周梦麟、万宝康、王华文、孙月浦、王金章

（3）职员薪给和经费预算

当时，中央研究院各所的薪资全部统一分配，从中可以大致了解气象研究所的薪资水平。现将国立中央研究院各研究所职员薪给分等表列举如下：

中央研究院职员薪给分等表[①]

职位	薪资 / 元
专任研究员	300 ～ 500
专任编辑员	200 ～ 400
专任副研究员	200 ～ 360
管理员、技师	120 ～ 300
助理员	60 ～ 240
事务员、技术员、测候员	50 ～ 180
书记、测候生、计算员、测量员	30 ～ 80
研究生	30

注：①现任之仪器管理员、地磁台管理员统称管理员；
②图书管理员、标本仪器管理员、仪器产品管理员、会计员、文牍员、庶务员、通信编辑员，皆改为事务员；
③化验员、试验员、联系技术员、采集员、绘图员、电务员，皆改为技术员；
④统计生改为计算员。

根据现有史料，本书整理了1928—1945年气象研究所的经费预算数目。从中可以看出，这18年间研究所经费的变化情况。

气象研究所1928—1945年经费预算数目[②]

年份	预算数 / 元	年份	预算数 / 元	年份	预算数 / 元
1928	96000	1934	120000	1940	83000

① 中央研究院气象研究所章程、测候生服务条例、全国气象观测实施规程等各种章程条例，收藏于中国第二历史档案馆，全宗号三九三，案卷号2825。

② 中央研究院及各所经费收支情况表：1928—1945年，收藏于中国第二历史档案馆，全宗号三九三，案卷号1793。

续表

年份	预算数 / 元	年份	预算数 / 元	年份	预算数 / 元
1929	98000	1935	123000	1941	105000
1930	105000	1936	122000	1942	234000
1931	72000	1937	81000	1943	310000
1932	69000	1938	78000	1944	500000
1933	116000	1939	83000	1945	880000

1931 年以前，气象研究所每年经费大致为 10 万元。因“九一八”事变、“一・二八”事变，1931—1932 年经费被迫缩减为约 7 万元。1933—1936 年经费约为 12 万元。抗战爆发后，中央研究院奉令紧缩，气象研究所经费也随之紧缩。1937—1940 年每年经费大致为 8 万元。1941 年经费增至 10.5 万元。1942 年后连年通货膨胀，拨发经费数目虽多，如 1945 年达到 88 万元，但是实际购买力和抗战前是无法相提并论的。

珍贵史料：中央研究院气象研究所办事细则①

一、通则

一、本所职员依主任之指定工作遵照本所办事细则分掌职务

二、本所办公时间以任务之不同分为两种

一、测候员之办公时间每日分为三班

早班 六时至十四时 中班 十四时至二十二时 夜班 二十二时至六时

二、非测候员依照本院规定之办公时间但遇必要时得提早或延长

三、测候员不当值班而轮值办公时则照本条第二项办理但适逢休假日期则得休息

三、按时到所办公不得迟到或早退

① 中央研究院气象研究所章程、测候生服务条例、全国气象观测实施规程等各种章程条例，收藏于中国第二历史档案馆，全宗号三九三，案卷号 2825。

四、职员如因病或其他重要事项不得不请假时须先具请假书陈请主任以核准后始得离所

五、给假之规定测候员年以六星期为限非测候员则依照本院之规定年以一个月为限 长期病假例外但至多不得逾时两月

六、于规定职务外主任得指定职员兼顾它种事务

七、本所职员悉带研究性质须于公余之暇就研究所得著述论文每学期至少者（著）作一篇呈缴主任评阅

八、职员除依本所规定之办事细则外并应遵照本院所颁布之规程处理一切事宜

二、观测细则

一、轮值观测必以准时不得先后或间断

二、观测之后即将记录随时订正计算并将上班观测核算结果加以翻查

三、校正他人错误须将红色墨水写之不得涂改原数

四、最高最低温度规定在二十四时记录

五、轮值观测于工作时间应注意列各项事件

一、值早班者

甲、逢值月曜日在上午八时务将各种自记计表格纸更换并于当时水银温度表水银气压表及标准时计钟相较加以细密纠正

乙、每晨视察量雨计一次并揩拭干净以防尘灰侵入

丙、每晨将自计温度计及湿球寒暑表之水杯用蒸馏水加满一次遇有沉淀物质停滞杯上或玻璃管上应即用硝酸洗濯清楚

丁、将前一日在记录总部上誊录各项之记录校对而统计之

二、值中班者

将前一日记录统计之数目加以复算

三、值夜班者

将当日各项之记录誊上记录总簿

六、每月记录之总誊校对统计复算之事概由主任指定分任

七、对于各项仪器应共同负保护之责勿使损坏

八、两班交替职务必会晤交代不得先离或迟到

九、交班时间务将公卓文件整理清楚如有未毕事项应即关照交替之人

十、观测记录订正核算俱应遵照规定标准方式施行

第 2 节　中央气象局

（1）组织架构[①]

与北极阁气象台的性质不同，中央气象局的成立代表着我国气象事业始有专司。中央气象局 1941 年成立于重庆，在中央气象局成立以后，气象研究所主要进行科学研究工作，而中央气象局“掌管全国气象行政及技术事宜”，统筹规划和指导全国气象工作。1946 年 9 月，中央气象局同气象研究所一起从重庆迁往南京北极阁，进行临时办公。此后一直在南京指挥全国气象工作，并负责接收被收复的气象台站，同时按照气象发展需要新建部分气象台站，其工作一直持续到 1949 年。

中央气象局从成立开始的组织架构大致如下：1941 年 10 月，中央气象局在重庆成立，其隶属于行政院。1945 年 7 月，改属于教育部。此后，为了加强航海航空气象服务与测报业务，1947 年 2 月，中央气象局又改属于交通部，并持续到 1949 年。中央气象局的内部机构大致按行政院的组织规程设置。1941—1944 年，设局长 1 人。1941 年 10 月 15 日，任命黄厦千为首任局长；

① 温克刚 . 中国气象史 [M]. 北京：气象出版社，2004：334.

此后，1943年4月，任命吕炯为局长。局内下设有总务、测候、预报3科。在中央气象局改属于教育部前夕和归交通部管辖之后，仍设局长1人，由吕炯继续担任。同时，局内下设一、二2科和秘书室，不久后又另增会计室。此后，全国的气象事业快速发展，任务增加，但此时的中央气象局架构（即2科2室的设置）仍保持不变，人员也仅有45人，工作却更为繁重，所以日常工作只能勉强维持。因此，1945年起，中央气象局就不断要求修改组织条例，以改变现状。至1947年6月前，共提请修正案6次，但直到1947年11月29日，组织条例修改方案最终才得到批准。此后，局内设局长1人，下设有技术、测政、总务3处和气象总台，以及资料、会计、人事、统计4室，编制扩展为151人。1948年元旦，中央气象局开始扩大组织，增加人员。根据同年7月统计，此时的中央气象局内成立了技术处、测政处、总务处、气象总台、资料室、会计室、统计室、人事室、气象人员训练班等机构，实际人数已经达到129人。

人物档案：著名气象学家黄厦千

黄厦千（1898—1977年），名应欢，字以行，江苏南通姜灶港人，现代著名气象学家、气象教育家。1915年7月至1920年7月就读于江苏省代用师范学校第十四届本科。1920年8月考入国立东南大学文史地部深造，1924年7月毕业后留校任教。1928年初，竺可桢筹备中央研究院观象台的南京气象测候所时，黄厦千于1月12日被聘请为测候员。黄厦千是气象研究所最早的4名职员之一。随后，为了发展气象研究所，竺可桢派黄厦千和沈孝凰到马尼拉气象台实习。1929年8月，黄厦千去了北平，出任清华大学气象台台长，并负责该校气象教学工作。1934年，黄厦千赴美国加州理工学院气象系深造，师从著名气象学家克瑞克博士。1939年，黄厦千回国至重庆沙坪坝国立中央大学担任地学系系主任兼气象组负责人，先后讲授气象观测、天气预报、高空探测、航空气象等课程，同时负责为美国援华空军预测中国各地的天气。1941 年 10 月至 1943 年 4 月，黄厦千担任国民政府中央气象局首任局长。1944 年，黄厦千在国立中央大学创办独立的气象学系并担任系主任。

从 1932 年 9 月 27 日起，到 1934 年 8 月中旬止，黄厦千等在北平清华大学进行了不少于 9 次的风筝测候。后来，黄厦千利用这些资料在美国撰写了博士论文 *Air Masses of North China*（《华北之气团》），刊登在 1940 年的《气象研究所集刊》第 13 卷第 3 期上。

（2）业务基本情况

根据中央气象局 1947 年的业务报告，各项业务的基本情况如下。

①地面观测：每日观测 24 次的站数有 18 个，每日观测 12 次的站数有 21 个，每日观测 8 次的站数有 19 个，每日观测 6 次的站数有 23 个，每日观测 4 次的站数有 7 个。

②高空测风：共 28 处。

③天气预报：绘制天气图、从事天气预报及警报的有南京总台、上海气象台、华北气象台及定海测候所 4 处。其中，南京总台每日绘制 4 次，业务范围为全国及南京。

④天气情报的传送：中央气象局收听国内外电台地面天气报告（每日 4 次）381 处，其中国内 115 处（空军广播电台 80 处、上海民航局专用电台 35 处）、国外 26 处；收听船舶天气报告（每日 4 次）18 处，均为国外电台广播；收听高空天气报告（每日 2 次）21 处，其中国内 4 处、国外 17 处。

⑤气象服务：a）天气预报发布。中央气象局及上海气象台、华北气象台与定海测候所的天气报告警报或由中央通讯社及各报社、或经由信号台、或经由在民航及口岸海岸电台，以话播广播，每日 2 次或 4 次。b）致送天气情报。以油印按日分发致送天气图及天气情报者，有交通部航改司、民航局、农林部、水利部、国防部各单位，共 57 处。c）气象资料服务。出版有《雨

量旬报》《气象汇报》(月刊)及《中国气候图集》3 种，分送农林水利机关参考，仅《气象汇报》1947 年下半年就分发 263 份。尚与新闻局合作编印气象测报及各地气象资料 2 册。又与最高经济委员会、公共工程委员会合作编印黄河水文气象部分。本年度来局抄录本国气候资料的机关共有 21 个。

⑥全国气象记录收集概况：中央气象局直属及各省市水利农林机关所属测候所共按月汇报气象记录 247 份，其中测站 144 份、海关所 16 份、水文站 42 份、雨量站 45 份。

从以上业务就可以看出，中央气象局对全国各地的气象事业都有所顾及，是名副其实的气象核心机构。

第 6 章

晓看天色暮看云

长期和较为稳定的气象观测在众多气象工作之中，有着十分重要的意义。从气象观测的角度看，南京有着长达百年序列的气象资料，这是十分难能可贵的。1904 年，日本在南京的领事馆内设立气象测候所进行气象观测，自此开始了南京近代气象观测的篇章。而 1928 年气象研究所建立，气象观测工作愈加完善。抗日战争爆发，气象事业则一度陷入低谷。气象研究所迁入重庆后，部分工作得以延续发展。直至迁回北极阁，南京的气象事业才逐渐复苏过来。

南京地区的气象观测是如何变迁的呢？本章以 1937 年气象研究所西迁重庆为分界线，将观测时间分为 1904—1937 年和 1937—1949 年两个阶段，着重从观测历程、观测规范、观测要素、观测仪器等方面介绍这时期南京地区的观测变迁历史。那么，在这些年代里，气象观测规范是什么？观测的气象要素有哪些？不同时期又购买和使用了哪些观测仪器？本章将会回顾这些观测历程。

第 1 节　1904—1937 年

（1）观测历程

近代南京的气象观测，在辛亥革命之前就有所展开了。最初的气象观测活动发生在 1904 年，是日本方面在其驻南京的领事馆内进行的。1917 年，金陵大学农学院测候所受资助，并命名为费门气象观测所，进一步改进和完善了气象观测仪器和项目。1921年春天，国立东南大学地学系附设气象测候所，不久后继续开始气象测候工作，最初每天仅16时一次观测，1924年起增加为每天两次，即09时和21时各一次。1928年1月1日，中央研究院观象台开始地面气象观测。不久后，气象研究所成立并设观测组，几度搬迁后最终选定在北极阁进行气象观测。三个航空测候所则在1930年左右成立，并开始气象观测。在此段时间内，许多测候所的观测较为独立，但也存在部分合作关系。本节详细介绍中央研究院观象台和北极阁气象台的观测情况。

1928年1月1日，中央研究院观象台（同年2月，观象台筹备处气象组改组为气象研究所筹备处）在南京开始地面气象观测工作。当时的研究人员借用南京成贤街大学院后花园作为观测场地，进行每小时一次的地面气象要素（压、温、湿、风、云、天气现象）观测，这是气象研究所在筹备期间就进行正规气象观测的开始。当时还没有自记仪器，所以无论昼夜假日，均用人工观测。由于场地受限，气象研究所多次迁址。9月下旬，北极阁气象台部分建成后，气象研究所于9月30日子夜移至山上观测，中央研究院观象台终于进入北极阁观象台时期。

至1928年底，凡属当时的地面气象观测仪器，气象研究所均已俱全。部分仪器还购买了多份，以供试验和研究。由于自记仪器备齐，气象研究所内决定取消夜班观测，采用自记仪器进行记录。

地面观测工作在搬到北极阁后，逐渐稳定发展着。但此时，高空气象观测工作尚处于萌芽阶段。吕炯曾在其发表的文章中这样阐述高空观测于我国的意义："天气之变化，不仅恃地面之报告，且需有高空之测验，有三度空间之材料，则预报更为精密，况飞机之翱翔，全恃高空之研究以为保障，苟无高空报告，何能事前戒备。"[①]吕炯的观点充分说明了高空观测的意义，于是，在1929年，气象研究所开始筹备高空观测。

高空观测项目首先就是高空测风。1929年7月6日，气象研究所从德国

① 吕炯《气象方面对于国家及社会实际需要之问题》，收藏于中国第二历史档案馆，全宗号三九三，案卷号315。

订购的两架经纬仪到所。此后，订购的三架制氢筒、气球球皮及各项高空测风设备也陆续到齐。1930 年 1 月 18 日，中央研究院气象研究所在南京北极阁开始施放测风气球，用单经纬仪在北极阁观测南京地区的高空风，所得高空测风记录及时提供给国内航空公司用于选择飞行高度之参考。1930—1935 年，中央研究院气象研究所在南京北极阁共施放测风气球 1129 次。

民國二十年南京逐月高空中之平均風向

高度(米) \ 月份	1	2	3	4	5	6	7	8	9	10	11	12
地面(83)	S45°W	N75°E	S 65°E	S 54°E	S 49°E	S 27°E	S 31°E	S 64°E	S 87°E	N58°E	S 75°E	N47°E
500	W	S 81 E	S 5 E	S 29 E	S 29 E	S 40W	S 18W	S 35 E	S 74 E	N58 E	S 59 E	N14W
1000	N62W	N80 E	N71W	S 54 E	S 27 E	S 72W	S 34W	S 17 E	N38 E	N51 E	S 37W	N37W
1500	N64W	N8 E	N50W	N55W	S 13 E	S 78W	S 47W	S 7 E	N22 E	N41 E	S 69W	N45W
2000	N71W	N37W	N48W	N48W	S 49W	S 61W	S 69W	S 20W	N1 W	N11W	N76W	N47W
2500	N86W	N49W	S 83W	N47W	S 69W	S 71W	S 67W	S 41W	N65W	N38W	N77W	N62W
3000	N78W	N63W	N81W	N45W	S 81W	N89W	S 78W	S 32W	N78W	N57W	S 80W	N68W
3500	N76W	N76W	N75W	N51W	S 84W	N86W	N87W	S 54W	S 88W	N63W	S 39W	N80W
4000	N67W	N77W	N76W	N63W	S 85W	N80W	S 78W	S 29W	W	N68W	S 56W	N81W
4500	N82W	N81W	N75W	S 87W	N81W	S 74W	S 82W	S 23W	S 84W	N74W	S 63W	N85W
5000	N81W	N89W	N70W	S 87W	N71W	S 76W	N80W	S 31W	N89W	N71W	S 68W	N88W
5500	N82W	S 87W	N77W	N81W	N73W	S 76W	S 89W	S 32W	N81W	N76W	S 76W	N87W
6000	N84W	S 80W	N69W	N78W	N68W	N74W	S 82W	S 50W	S 89W	N82W	N85W	N65W
	N88W		N73W		N67W	N51W	N17W	S 47W	N63W	N80W	N75W	N80W
7000	N88W		N71W		N67W	N59W	S 87 E	S 51W	N68W	N79W	N75W	· W
	N89W		N73W		N68W	N44W	N20 E	S 76W	N72W	N75W	N69W	N78W
8000	N88W		N70W		N65W	N52W	N9 W	S 65W	N71W	N70W	N87W	N78W
	N88W		N57W		N64W	N62W	N13W	S 66W	N72W	N72W	S 81W	N84W
9000	W		N58W		N62W	N64W		S 86W	N69W	N72W	S 77W	
	N88W		N69W		N65W	N62W		N73W	N72W	N70W		
10000			N68W		N72W	N56W		N65W	N67W	S 71W		
			N69W		N74W	N63W		S 40W	N61W	S 67W		
11000			N76W		N67W	S 81W		N22W	N54W			
			N69W		N78W	S 62W		N28W	N60W			
12000					S 88W	S 65W		N26W	N63W			
					S 85W	S 75W		N29W	N67W			
13000					N73W	S 60W		N23W	N62W			
						S 56W		N33W				
14000								N31W				
								N46W				

民國二十年南京逐月高空中之平均風速（米/秒）

高度(米) \ 月份	1	2	3	4	5	6	7	8	9	10	11	12
地面(83)	3.9	4.5	5.8	6.3	4.3	3.6	2.8	4.8	4.2	3.1	4.4	4.6
500	7.3	6.5	8.8	9.8	6.6	8.2	7.2	7.5	6.5	7.1	8.8	6.9
1000	6.3	5.3	8.2	7.8	7.2	7.2	6.4	7.1	6.1	6.8	6.5	6.3
1500	8.9	5.6	6.6	6.9	7.7	6.1	6.2	6.2	6.7	6.2	5.6	6.7
2000	10.3	6.5	6.4	7.7	9.2	5.8	6.3	5.3	6.8	5.4	5.1	7.8
2500	12.9	9.2	5.5	9.0	9.6	6.4	5.6	5.5	6.3	6.8	4.3	8.7
3000	13.3	10.0	6.0	11.9	7.4	6.1	4.3	6.2	7.5	7.6	4.8	10.9
3500	13.1	13.2	6.6	11.0	5.7	7.0	5.6	6.0	9.0	8.8	6.8	9.8
4000	15.7	16.6	8.7	12.4	7.0	7.2	6.5	6.6	9.9	10.3	8.1	12.7
4500	19.6	19.9	10.2	14.5	8.4	6.9	7.8	6.1	11.2	10.6	11.3	17.0
5000	16.3	20.6	12.4	14.0	8.4	9.3	10.6	6.9	12.7	13.2	12.0	19.9
5500	22.2	24.9	11.9	16.4	9.1	9.2	11.3	7.0	14.0	17.4	17.9	22.2
6000	23.1	26.3	13.4	18.9	10.5	8.6	11.8	6.0	13.0	19.8	15.5	25.5
	26.4		14.1		12.9	7.3	7.2	5.6	11.4	22.9	17.4	21.5
7000	30.4		17.5		13.1	6.8	0.9	6.6	12.6	23.7	16.0	25.5
	28.1		19.3		13.0	7.9	2.7	6.7	15.1	27.2	15.3	28.6
8000	30.5		21.8		16.0	9.1	3.0	7.3	20.5	30.6	17.6	31.2
	30.3		13.1		18.5	10.3	8.0	7.8	24.2	34.1	22.2	35.0
9000	32.0		15.2		19.1	9.0		7.3	30.1	29.6	30.2	
	43.8		17.5		22.5	8.5		7.8	26.7	29.7		
10000			20.8		19.8	11.0		8.7	24.5	30.6		
			30.2		23.1	16.8		7.8	21.7	35.0		
11000			31.0		26.4	14.9		8.0	21.5			
			32.0		33.0	17.7		10.1	20.2			
12000					31.0	12.3		10.7	20.5			
					34.6	13.8		12.3	21.9			
13000					32.0	16.0		13.2	18.4			
						25.5		11.0				
14000								12.4				
								9.8				

民国二十年南京逐月高空中之平均风向（左）和平均风速（右）①

1930 年前后，西欧各国已经开始使用无线电探空，但因其价格昂贵，国内尚未普及。探空气球因其使用成本较低，被气象研究所选作高空探测所用。探空气球的使用方法就是在气球上悬挂气象自记仪，此仪器能测出高空的气压、温度和相对湿度，但必须回收后方能取得数据。1930 年 5 月 15 日，气象研究所在北极阁首次施放携带气象自记仪的探空气球。同年 8 月 18 日施放第二枚，以后又施放了几枚，虽曾登报悬赏，征求探空气球的下落，但皆无音讯。直至 1936 年 3 月 16 日，又施放一枚，3 天后接到南通来信，知此探空气球已拾到，随即派人取回。通过观测结果得知，本次的探空气球探空高度达

① 国立中央研究院文书处. 国立中央研究院总报告（民国二十年度）[Z]. 南京：国立中央研究院总办事处，1931：192-193.

到 17714 米，这是气象研究所近 6 年来回收到的第一枚探空气球。此后，从 1936 年 7 月起，到 1937 年 7 月 15 日止，气象研究所每月中旬施放探空气球 1 ～ 2 次，共施放探空气球 14 次（每次都能收回），有记录的有 10 次。

中央研究院气象研究所释放探空气球

珍贵史料：我国首批记录平流层温、压、湿的气象记录

1930 年 5 月 15 日起，气象研究所开始在北极阁释放探空气球，但是期间一直未能得到回收，故而遗憾未能获取数据。直至 1936 年 3 月 16 日施放一枚气球，3 天后获回收，这是气象研究所近 6 年来回收到的第一枚探空气球。得知此事，竺可桢非常欣慰，他在 3 月 25 日的日记中写道：

……知丁正祥已回，取得本月十六号所放气球上系带之仪器，毫无损坏，气球则炸破一洞，仪器取出后始知气球达七公里以上时钟即停，因温度达零下二十八度，钟内之油固结之故，因而何时入同温层即无从揣测，所知者最低温度为-63℃，最低气压为 73 毫米（汞柱），而推算高度为十七余公里，是为第一次测空气球入同温层……

接着，3 月 19 日气象研究所又施放一枚气球，也收到来信，知已拾得，推知高度为 14.9 千米。

中央研究院气象研究所施放测风气球的记录显示，1930 年 8 月 11 日 07 时测风高度最高达 23.4 千米，这是我国首次获得平流层测风记录。

这些资料的获得，是我国首批取得的平流层温、压、湿气象记录。

由于探空气球携带的气象自记仪较难回收，1931 年 10 月 16 日起，气象研究所选择飞机携带气象自记仪的方式在南京进行探空。其间，通过交流有偿委托陆地测量局航空队和航空署第一队代为飞行。

由气象研究所派人携带气象自记仪至机场，在飞机起飞和降落时对仪器进行校对，平均每星期一次。观测时间因季节有所不同，夏季在 07—08 时，冬季在 14—15 时。飞行高度一般在 4000 米左右，最高达 5700 米。至 1936 年，共有效飞行 99 次，高度为 2.7 ～ 5.7 千米。后由于抗日战争而中断。

此外，气象研究所还采用过风筝探空。1931 年 5 月，德国气象学家郝德（W Haude）博士及其助手来华，并带来了气象风筝等探空仪器，气象研究所派两人陪同考察。工作结束后，郝德返国，并将全部气象风筝和探空仪器降价转售给气象研究所。由于当时南京飞机过往频繁，不适合释放气象风筝，气象研究所只好托清华大学气象台主任、气象研究所特约研究员黄厦千在北平负责施放。

中央研究院气象研究所释放测空风筝[①]

1937 年日寇侵华，我国的测候机构尽遭破坏，气象事业发展严重受挫。

① 国立中央研究院气象研究所.国立中央研究院气象研究所概况 [Z].南京：国立中央研究院气象研究所，1935：9-10.

直到 1947 年 9 月 15 日，南京地区才恢复高空测风，自此到 1949 年 4 月，记录从未间断。

珍贵史料：我国首次较大规模的物候观测

1931 年 5 月 9 日，在气象研究所的学术研讨会上，竺可桢作了关于“月令”问题的报告，该文后来发表在《中国气象学会会刊》，名为“论新月令”①。文中提到古代的节气月令原产生于黄河流域，已沿用 2000 多年，因年代久远、气候变迁，不但未可适用于全国，即使在今日的黄河下游也未尽适合。他以自己在南京观测的 9 年物候记录为例，提倡应用科学方法观测物候，制定新历。在他的主持下，气象研究所于 1931 年 4 月，将物候记录 24 个项目表分寄给国内各测候台站填报。1934 年 5 月，气象研究所又与中央农业实验所合作，要求全国农情报告员按时报告物候观测记录。

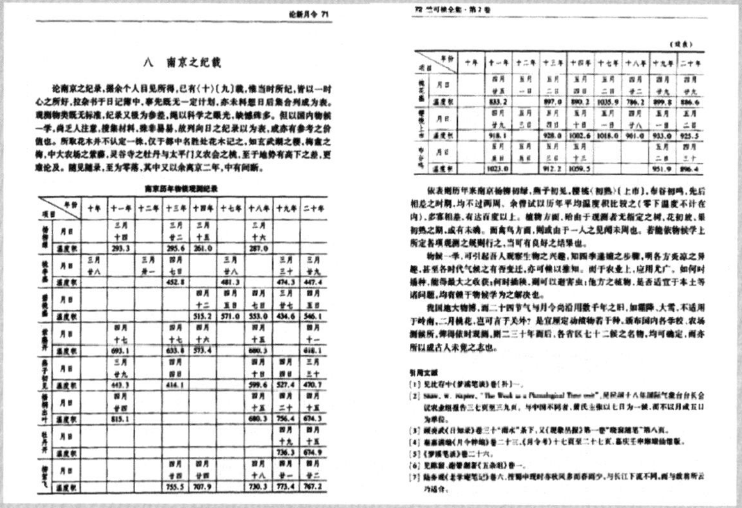

论新月令 71

八 南京之纪载

论南京之纪录，据余个人目见所得，已有(十)(九)载，惟当时所纪，皆以一时心之所好，拉杂书于日记簿中，事先既无一定计划，亦未料想日后集合列成为表。观测物类既无标准，纪录又极为参差，绳以科学之眼光，缺憾殊多。但以国内物候一学，尚乏人注意，搜集材料，殊非易易，故列向日之纪录以为表，或亦有参考之价值也。所取花木并不认定一株，仅于都中名胜处花木记之，如玄武湖之樱，梅庵之梅，中大农场之紫藤，灵谷寺之牡丹与太平门义农会之桃，至于地势有高下之差，更难论及。随见随录，至为零落，其中又以余离京二年，中有间断。

南京历年物候观测纪录

项目		十年	十一年	十二年	十三年	十四年	十七年	十八年	十九年	二十年
杨柳绿	月日		三月十四		三月廿二	三月十五		三月十六		
	温度积		293.3		295.6	261.0		287.0		
桃李花	月日	三月廿八		三月卅一	四月七日		三月廿八		三月三十	三月廿九
	温度积				452.8		481.3		474.3	447.4
樱桃花	月日					四月十二	四月五日	四月七日	三月廿七	四月五日
	温度积					515.2	571.0	553.0	434.6	546.1
紫藤开	月日		四月十七		四月十七	四月十六		四月十五		四月十一
	温度积		693.1		633.8	573.4		600.3		618.1
燕子初见	月日		三月廿九		四月四日			四月十日	四月四日	三月三十
	温度积		443.3		414.1			599.6	527.4	470.7
梧桐出叶	月日		四月廿四					四月十五	四月二十	四月十五
	温度积		815.1					680.3	756.4	674.3
牡丹开	月日								四月十九	四月十五
	温度积								736.3	674.9
柳絮飞	月日				四月廿四	四月廿四		四月十八	四月廿一	四月廿二
	温度积				755.5	707.9		730.3	773.4	767.2

72 竺可桢全集·第2卷

(续表)

项目		十年	十一年	十二年	十三年	十四年	十七年	十八年	十九年	二十年
[illegible]	月日		四月廿五	五月一日	五月二日	五月四日	五月二日	四月廿二	四月廿九	四月廿九
	温度积		833.2		897.0	890.2	1035.9	786.2	899.8	886.6
樱桃上市	月日		四月廿九	五月三日	五月四日	五月十日	五月一日	四月廿八	五月一日	五月二日
	温度积		918.1		928.0	1002.6	1018.0	901.0	933.0	925.5
布谷鸣	月日		五月九日	五月九日	五月三日	五月十三			五月二日	四月三十
	温度积		1023.0		912.2	1059.5			951.9	896.4

依表则历年来南京杨柳初绿，燕子初见，樱桃(初熟)(上市)，布谷初鸣，先后相差之时期，均不过两周。余曾试以历年平均温度积比较之(零下温度不计在内)，多寡相差，有达百度以上。植物方面，殆由于观测者无指定之树，花初放，果初熟之期，或有未确。而禽鸟方面，则或由于一人之见闻未周也。若能依物候学上所定各项观测之规则行之，当可有良好之结果也。

物候一学，可引起吾人观察生物之兴趣，知四季递嬗之步骤，明各方炎凉之异趣，甚至各时代气候之有否变迁，亦可赖以推知。而于农业上，应用尤广。如何时播种，能得最大之收获；何时插秧，则可以避害虫；他方之植物，是否适宜于本土等诸问题，均有赖于物候学为之解决也。

我国地大物博，而二十四节气与月令尚沿用数千年之旧，如霜降、大雪，不适用于岭南，二月桃花，岂可言于关外？是宜厘定动植物若干种，颁布国内各学校、农场测候所，俾得依时观测，则二三十年而后，各省区七十二候之名物，均可确定，而亦所以成古人未竟之志也。

引用文献

[1] 见沈存中《梦溪笔谈》卷(补)一。

[2] Shaw, W. Napier, "The Week as a Phenological Time-unit"，见民国十八年国际气象台台长会议农业组报告三七页至三九页。与中国不同者，萧氏主张以七日为一候，而不以月或五日为单位。

[3] 顾炎武《日知录》卷三十"雨水"条下，又《观象丛报》第一卷"晓窗随笔"第八页。

[4] 秦嘉谟编《月令粹编》卷二十三，《月令考》十七页至二十七页，嘉庆壬申琳琅仙馆版。

[5] 《梦溪笔谈》卷二十六。

[6] 见陈留、谢肇淛著《五杂组》卷一。

[7] 陆务观《老学庵笔记》卷六，谓蜀中现时春秋风多而春雨少，与长江下流不同，而与徽州所云乃适合。

“论新月令”中关于民国十年至民国二十年南京物候的记录

1935 年 3 月，全国有 19 省 225 县 230 人记载了 24 种草本植物的

① 竺可桢．论新月令 [M]// 竺可桢全集：第 2 卷．上海：上海科技教育出版社，2004：68.

播种期、移植期、开花期、成熟期、收获期 5 项；13 种木本植物的发芽、叶盛、始花、盛花、果熟、落叶 6 项；9 种动物（燕、雁、黄莺、布谷鸟、蝗虫、青蛙、蝼蛄、蟋蟀、蝉）的始见或始鸣、绝见 2 项观测资料。这是我国首次有组织的、较大规模的物候观测资料，对了解各地物候规律、制定农业生产计划、预测农业收成有重要意义。

（2）观测规范

进行合理有序的气象观测活动，离不开科学的观测规范。但在气象研究所成立以前，气象领域并无具体的观测规范，各测候所的气象基本观测也各不相同，即“观测方法和次数各以需要，自为谋划”。在气象研究所成立以后，为了适应气象观测工作和培训观测人员的需要，研究所编制了《测候须知》《全国气象观测实施规程》《航空气象概要》《国际云图》等规范和书籍，以促进各气象观测工作规范化进行。

①《测候须知》（1930 年 4 月初版）[①]

1929 年春，因军政部航空署及各省建设厅需要测候人才，所以气象研究所开设了气象练习班，《测候须知》就是当时教授气象观测课程的讲义。该书由黄厦千、全文晟先生取材于英国气象局 1926 年出版的测候指南编译而成。其中，结合度量单位差别等，进行了一些删改。也参考了法国前中央气象局局长安歌氏的著作。为了满足国内各界及测候站使用，《测候须知》讲义经竺可桢校阅后，于 1930 年正式编印发行。

《测候须知》共分三编：第一编实地观测、第二编自记仪器、第三编计算用表，分别论述了测候所等级、仪器设备、观测时间、各气象要素的观测方法、记录簿的填写要求及各种查算表。

a）测候所等级

《测候须知》将测候所分为头等测候所、二等测候所、三等测候所三级。

---

① 国立中央研究院气象研究所 . 测候须知 [Z]. 南京：国立中央研究院气象研究所，1930.

其中，头等测候所又称“标准气象台”，每日逐时观测气压、气温、风力、风向、日照、雨量、云、天气状况等气象要素。

二等测候所又称“标准测候所”，每日至少观测 12 次（每两小时观测 1 次），观测项目有气压、气温（干、湿球温度）、最高和最低气温、风力、风向、日照、雨量、云（云量、云状、云向、云速）、能见度、天气状况、地温等气象要素。

三等测候所又称“辅助测候所”，每日观测 1 次，观测项目与二等测候所相同，但可简略些。

b）主要仪器设备及安装要求

标准测候所应配置的气象仪器设备主要如下。

水银气压表：通常使用的有冠乌式和福丁式两种，安装在室内，其高度以适于观测读数为准。

温度表：干湿球温度表、最高最低温度表，安装在百叶箱内。国内通用的百叶箱有美式和英式两种，百叶箱要求箱底距地高度约 3 尺 6 寸（1.2 米左右）。

风向、风速计：标准风向计、杯形风速计、轻便杯形风速计、电传杯形风速计，安装距地高度 30 ～ 40 尺（10 ～ 12 米）。若周围有障碍物，须高出障碍物 20 尺（6 米左右）。

雨量计：口边距地高度宜 1 尺左右（约 0.3 米）。

日照计：多为康培司托克式日照计。

自记仪器：空盒自记气压表、英国 M.O. 式合金螺旋圈自记温度表、自记毛发湿度表、空管自记风力计、自记风压表、自记量雨计（有浮筒式和倾桶式两种）。

c）观测时间

按 1873 年维也纳国际气象会议所规定，气象观测时间一般采用地方平均时，以便比较各测候所在相同时间内的气象变化情况。当地方时与标准时相差不超过 15 分钟时，仍可采用标准时为准。观测次数则因测候所级别而有所差别。

d）观测记录簿

《测候须知》要求，凡观测所得的一切结果，均须记入规定的记录簿中。记录簿分为观测簿、永久记录簿两种。其中，永久记录簿作为永久保存，以备他日之用。其式样按 1874 年国际气象会议所规定的月报格式，再斟酌各地具体情况，加以改进后印发观测台站使用。

②《全国气象观测实施规程》[①]

1932 年 6 月，国立中央研究院气象研究所起草了《全国气象观测实施规程》，并以国民政府行政院令，向全国省、市、县级政府颁发。1937 年 5 月，中华民国政府内政部、国立中央研究院气象研究所、全国经济委员会水利处再次联合编印颁发。

《全国气象观测实施规程》共有 14 条款，它对全国气象台站气象观测工作的基本要求提出了新的规定，主要规定如下。

a）气象观测所等级划分

全国气象测候所根据设备配置、观测详略分为五级：头等测候所、二等测候所、三等测候所、四等测候及雨量站。

规程要求各省政府及直隶于行政院的市政府所在地，应由各省市政府设立一个头等或二等测候所，各县市政府所在地应由该县市政府设立一个三等或四等测候所，各区区公所酌设雨量站。

b）各级测候所的经费规定及仪器配置标准

头等测候所：开办费 1 万～ 1.3 万元，日常费用每月至少 500 元。主要气象仪器配置：标准水银气压表、福丁水银气压表、寇乌式水银气压表、最高最低温度表、最低草温表、地温表、干湿球温度表、通风干湿表、毛发湿度表、轻便杯形风速表、大型（口径 80 厘米）及小型（口径 20 厘米）蒸发器、雨量器、康培司托克式日照计、空盒气压计、温度计、干湿球温度计、湿度计、达因风向风速计、立却风向风速计、威氏蒸发计、虹吸雨量计、雪量计等。如施放气球测风的台站，另配置气球、经纬仪、御氢器、报分钟、装气

① 民国政府内政部，国立中央研究院气象研究所，全国经济委员会水利处. 全国气象观测实施规程 [Z]. 民国政府内政部，国立中央研究院气象研究所，全国经济委员会水利处，1937.

天秤、气球画图版。

二等测候所；开办费 3000 ～ 4000 元，日常费用每月至少 200 元。主要气象仪器配置：福丁水银气压表、最高最低温度表、干湿球温度表、毛发湿度表、轻便杯形风速表、大型（口径 80 厘米）及小型（口径 20 厘米）蒸发器、雨量器、康培司托克式日照计、空盒气压计、温度计、湿度计、达因风向风速计、虹吸雨量计等。

三等测候所：开办费 1000 ～ 1500 元，日常费用每月至少 80 元。主要气象仪器配置：寇乌式水银气压表、最高最低温度表、干湿球温度表、毛发湿度表、风向器、小型（口径20厘米）蒸发器、雨量器、空盒气压计、温度计、湿度计等。

四等测候所：开办费 100 ～ 200 元，日常费用每月至少 20 元。主要气象仪器配置：最高最低温度表、干湿球温度表、小型（口径 20 厘米）蒸发器、雨量器等。

雨量站：开办费20～30元，日常费用每月至少2元。主要气象仪器配置：雨量器。

c）各级测候所的观测次数、时间

头等测候所：每小时 1 次，施放气球在每日 07 时。

二等测候所：每日 8 次（03 时、06 时、09 时、12 时、14 时、18 时、21 时、00 时）。

三等测候所：每日 4 次（06 时、09 时、14 时、21 时）。

四等测候所：每日 2 次（09 时、14 时）。

雨量站：每日 1 次（09 时）。

以上时间均为 120° E 时区标准时。

d）各级测候所观测记录表格式

规程附件有：头等、二等、三等测候所气象月报表格式，二等测候所逐时气象观测簿格式，二等测候所气象记录月总簿（甲）格式，二等测候所气象记录月总簿（乙）格式，三等测候所气象记录月总簿格式，四等测候所气象月报表格式，雨量站月报表格式。

（3）观测要素

随着时代的不断进步，半个世纪以来，气象观测要素和观测时次进行了多次调整。1904—1919 年，驻南京的日本领事馆进行气象观测，观测要素有气压、温度、湿度、雨量、雨日、霜期、雪期等，每天三次观测。1920—1921 年，金陵大学农学院费门气象观测所成立，进一步改进和完善了气象观测仪器和项目，观测气温、气压、降水量等。1922—1923 年，国立东南大学开始气象测候，观测气温、气压、降水量，每天 16 时一次观测。1924—1926 年，改为每天两次观测，即 09 时和 21 时各一次，观测气温、气压、降水量、湿度、云、天气现象、风、日照、地温等。1927—1937 年，国立中央研究院气象研究所成立，观测气温、气压、降水量、湿度、云、天气现象、风、日照、能见度、蒸发量、草面温度等，每小时观测一次。观测地点先后在南京天津路金陵大学、成贤街国立中央大学，1928 年 9 月底迁至北极阁气象台内。在高空观测方面，1930 年，高空观测的要素为温度、湿度、气压。因高空观测具有一定难度，这些观测要素一直到新中国成立前，都未发生变化。

1930—1937 年，高空观测的方法主要为光学经纬仪测风和无线电经纬仪测风。1930—1937 年，在光学经纬仪测风上对时间的规定有所不同，其中，1930 年只在晴天的 07 时或 17 时投放气球，1932 年为 08 时，1935 年为 07 时。

（4）观测仪器

1928 年底，从国外订购的仪器陆续运到北极阁气象台，有滑锤自记气压计、标准水银气压计和通风温湿度计、电传风力风向计、垂直风力计、自记水银气压计、微尘计、蒸发计、自记雨量计、自记雪计等。此后，又订购到垂面太阳热力计、平面太阳热力计、沉积微尘器、雷电强度计、雷电中心计、自记经纬仪、地震仪等。此外，还有地温计、草温计、测云竿、测云镜和日照计等。气象研究所几乎拥有了当时所有类型的地面气象观测仪器。

1929—1935 年，《国立中央研究院总报告》中记录了这些年间气象研究所购买的仪器。

民国时期气象研究所购买的气象观测仪器

年份	仪器
1929①	亚尔式太阳热力计：美国 Smithonian Institution 公司出品 垂直热力计：法国 Richard 公司出品 平面热力计：法荷 Richard and Kipp & Zonen 公司出品 雷电自记仪器：法国 Richard 公司出品，由强度计、中心计、气压计构成 测量微尘仪器：沉积微尘器（英国出品）、高倍显微镜 经纬仪 2 架、轻气管 7 筒、测风气球 300 余具、大号气球数十具、天秤 2 架、杂具 30 余具；普通气象要素自记计、达因气象要素自记计、风筝携带之气象要素自记计
1931②	水银气压表：浮士公司出品，购置 15 具，价格为 3000 元 标准水银气压表：浮士公司出品，购置 1 具，价格为 300 元 标准最高温度表：纳格拉底公司出品，购置 15 具，价格为 500 元 标准最低温度表：纳格拉底公司出品，购置 15 具，价格为 500 元 标准干球温度表：纳格拉底公司出品，购置 15 具，价格为 450 元 标准湿球温度表：纳格拉底公司出品，购置 15 具，价格为 450 元 中号自记气压计：立却公司出品，购置 20 具，价格为 3000 元 中号自记温度计：立却公司出品，购置 20 具，价格为 3000 元 标准毛发湿度表：浮士公司出品，购置 15 具，价格为 1000 元 特制高山测候气压计：纳格拉底公司出品，购置 2 具，价格为 500 元 特制高山测候温度计：纳格拉底公司出品，购置 2 具，价格为 500 元 风向风速器：美国出品，购置 1 具，价格为 2000 元 毛发湿度表：纳格拉底公司出品，购置 2 具，价格为 400 元 日照计：纳格拉底公司出品，购置 2 具，价格为 600 元 仿制甲种量雨器：大华科技公司出品，购置 40 具，价格为 1000 元 仿制乙种量雨器：自制 6 具，价格为 60 元 测空风筝：德国出品，购置 2 具，价格为 1300 元 网丝五千米图绕线机：德国出品，购置 1 具，价格为 300 元

① 国立中央研究院文书处.国立中央研究院总报告（民国十八年度）[Z].南京：国立中央研究院总办事处，1929：183-185.

② 国立中央研究院文书处.国立中央研究院总报告（民国二十年度）[Z].南京：国立中央研究院总办事处，1931：183-185.

续表

年份	仪器
1932 年①	毛发湿度计 3 具、最高温度表 6 具、最低温度表 5 具、华氏最低温度表 2 具、摄氏最低温度表 2 具、量雨杯 3 具、自记量雪计 1 具、标准地射表 1 具、自记风向风速计 3 具；在德国气象学家郝德回国前，气象研究所经过协商，以 500 美元的低价购买气象风筝、自计气象仪、钢丝、绕线机在内的郝德考察团的全套探空仪器设备
1933 年②	空盒气压表 2 具、福丁式水银气压表 1 具、标准水银气压表 4 具、温度表校正仪 1 具（浮士公司）、湿度表校正仪 1 具（纳格拉底公司）、空盒气压表校正仪 1 具（纳格拉底公司）、水银气压表校正仪 1 具（浮士公司）、高度表 2 具、小号水银气压表 2 具、自记量雪计 2 具、自记温度计 3 具、最高温度表 15 具、最低温度表 15 具、干湿球温度表 15 具、毛发湿度表 10 具、地温表 2 套、日照计 4 具、气球 28 打、气球天秤 2 具、手提风向风速计 1 具、自记风速计 3 具、自记风向风速计 2 具、达因风向风速计 2 具及附具、高山用无线电收发机全套（西康探险团转售）、电传测空仪收音机及电池全套（德力风根公司）、电传测空仪收音机及附具 4 具（德力风根公司）、自记高空气象仪 10 具、自记飞机气象仪 2 具、自记风筝气象仪 4 具
1934 年③	新购重要仪器 386 件，总值国币约 30700 元
1935 年④	水银气压表 4 具、海洋测候气压表 1 具、高山测候气压表 1 具、沸腾点温度表 2 具、气压计 19 具、最高温度表 40 具、最低温度表 45 具、地温表 5 套、海水温度计 4 具、草温表 5 具、温度计 17 具、干湿球温度表 40 套、手旋干湿球温度表 2 具、探空大号气球 9 只、干湿球温度计 6 具、湿度表 15 具、湿度计 12 具、日照计 10 具

① 国立中央研究院文书处.国立中央研究院总报告（民国二十一年度）[Z].南京：国立中央研究院总办事处，1932：220.

② 国立中央研究院文书处.国立中央研究院总报告（民国二十二年度）[Z].南京：国立中央研究院总办事处，1933：94-95.

③ 国立中央研究院文书处.国立中央研究院总报告（民国二十三年度）[Z].南京：国立中央研究院总办事处，1934：79.

④ 国立中央研究院文书处.国立中央研究院总报告（民国二十四年度）[Z].南京：国立中央研究院总办事处，1935.

1929 年，气象研究所从法国 Richard 公司购买了雷电自记仪，从英国公司购买了沉积微尘器、高倍显微镜。在那时就考虑到对雷电和大气中微尘的研究，具有远见。当时的雷电观测和微尘观测是我国雷电物理和大气气溶胶观测研究的开始。

1929 年，气象研究所从美国 Smithonian Institution 公司购买亚尔式太阳热力器等和太阳辐射仪器。1931 年，购入日照计 2 具。1932 年，购入自记太阳辐射计 2 具、太阳辐射温度表 2 具、自记地射表 1 具、简单地射表 1 具。1933 年，购入自记太阳热力计 3 具。这是中国太阳辐射研究的开始。

第 2 节　1937—1949 年

（1）观测历程

与上一阶段不同，1937 年以后，时局动荡，气象研究所从北极阁搬迁至重庆，南京地区的气象工作几近中断。1940—1943 年，汪伪政府在瞻园路伪水利委员会内设立的气象测候所里进行气象观测活动。此外，抗日战争时期，日本的人员曾在北极阁进行一些气象活动，但具体细节无从考证。

1945 年 11 月，中央气象局成立“首都测候所”，暂设于南京北极阁，1 日开始气象观测[①]。11 月，中央气象局接收委员兼南京办事处主任卢鋈先生正式接收上海气象信号台。1946 年 6 月，中央气象局从重庆迁回南京，14 日开始在北极阁办公。

① 吴增祥．中国近代气象台站 [M]. 北京：气象出版社，2007：237.

1946 年南京地区的《气象观测记录》

（图源：南京市气象局）

在中央气象局上海中心气象台编制的 1946 年南京观测记录中，记录了 1946 年 1—12 月观测的部分。本部分的记录依据北极阁气象台观测草簿重新整编。此外，还包含了 1947 年 1—8 月和 10—12 月，以及 1948 年 1 月和 3—7 月的记录。

1947 年 6 月，国防部第二厅所属南京一等气象站划归中央气象局，而此站之前的相关资料相对缺失，本节未进行介绍。

（2）观测规范

在观测规范方面，《全国气象观测实施规程》出版之后，全国的测候所基本都按照这一规范进行气象观测。但是，由于其中涉及的内容大多为地面观测，因此中央研究院气象研究所决定，出版《测风气球观测须知》，以弥补高空观测规范的缺失。

1939 年 8 月，《测风气球观测须知》编印出版。书中本须知部分写道："近年来，我国军事航空和民用航空事业日渐发展，高空测风工作越来越重要。”测风气球观测的方法多为用一种小气球，充上氢气，使其飞升，在地面上用经纬仪窥视它的轨迹，从而推测高度、风向风速，供飞机航线参考。抗战以前，国内设立的测候所不下十余处，且还在不断增加，但发生事变后，基本都暂停了，时局稳定后，工作必定扩充，而全国并无专门的书来为工作者进行指南。因此，杨鉴初先生才写了这本《测风气球观测须知》。全书共分为 4 章：第 1 章绪言，讲述测风气球观测的重要性；第 2 章仪器设备，下分经纬仪、气球、氢气制造及其他器材等 4 节；第 3 章观测站与观测场地；第 4 章观测，以观测实施和计算为主，这是本书的重要部分，共有 5 节。

1943 年，卢鋈编写了《增订测候须知》；随后，中央气象局编写了《增订测候须知补编》，对内容进行补充。抗战胜利后，气象观测工作依照中央气象局于 1947 年和 1948 年出版的《测候手册》和《气象测报手册》执行[①]。

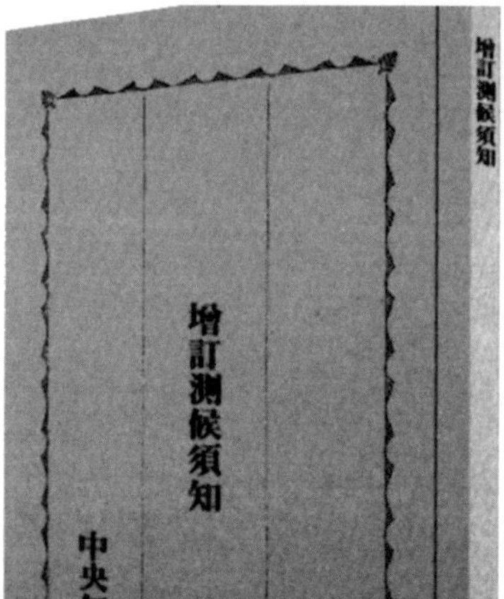

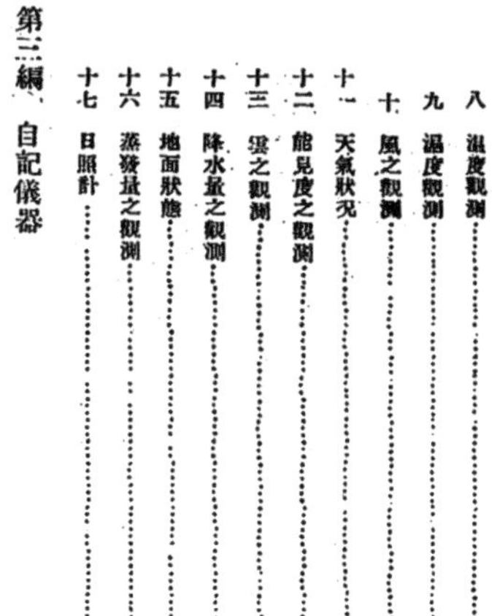
測候須知 目次 二

1943 年卢鋈编写的《增订测候须知》

（图源：南京市气象局）

① 江苏省地方志编撰委员会．江苏省志·气象事业志 [M]. 南京：江苏科学技术出版社，1995：78-79.

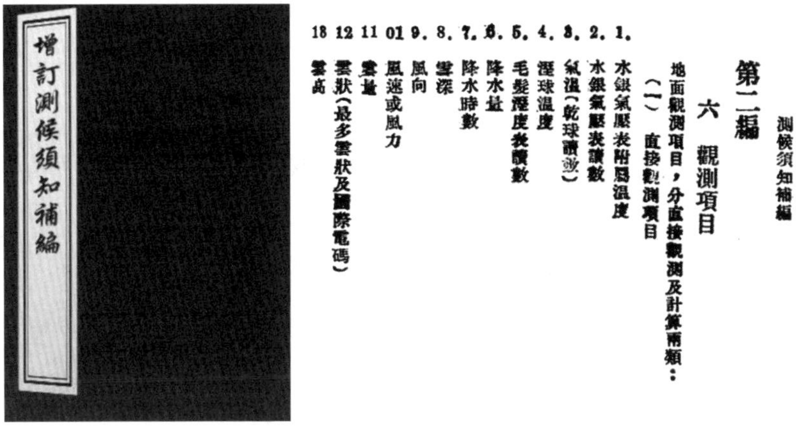

中央气象局出版《增订测候须知补编》

（图源：南京市气象局）

（3）观测要素

1940—1943 年，汪伪政府设立测候所，在瞻园路进行气象观测，观测要素有气压、气温、风、降水量、蒸发量、天气现象、草温、地温、日照、能见度等。1946—1948 年，原中央气象局在北极阁恢复气象观测，观测气压、气温、湿度、风、云、降水量、蒸发量、天气现象、草温、地温、日照、能见度等，每天 06—21 时每小时观测，1948 年后改为全天每小时观测。

高空观测方面，1937—1949 年，探测的方法主要为光学经纬仪测风和无线电经纬仪测风。1937—1949 年，光学经纬仪测风的时间规定有所不同，其中，1947 年 9 月 15 日规定 03 时和 13 时，1948 年 6 月规定 01 时和 08 时，1948 年 7 月规定 01 时和 11 时。

（4）观测仪器

1939 年以后，由于战乱，《国立中央研究院总报告》没能完整记述此间发生的仪器购买变化。其中，《国立中央研究院总报告（民国二十六年度至二十八年度）》记录 1937—1939 年情况："自七七事变以来，向国外购买的仪器，用国币计算，一万九千七百九十元。”[①] 此外，1938 年抗日战争期间，气象研究所还购入了 Dobson 臭氧仪。

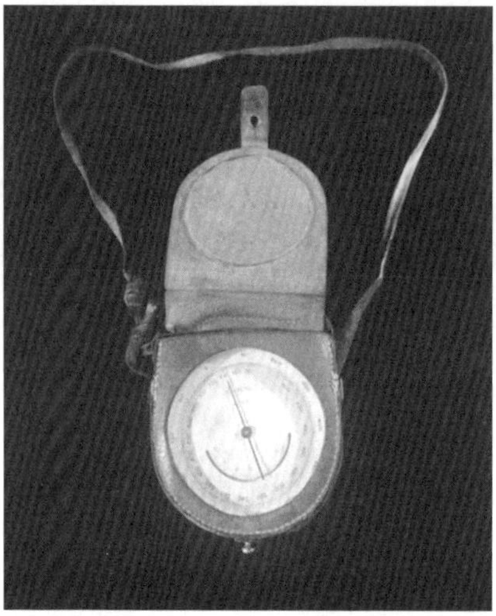

第二次世界大战时期遗留的老仪表——气压表高度表（图源：南京市气象局）

1943 年使用的经纬仪（图源：南京市气象局）

1940—1943 年汪伪政权期间，在伪水利委员会南京二等气象测候所中，气象观测仍然进行着。在其留存的《气象月刊》中，详细记录了当时所用的气象仪器。

伪水利委员会南京二等气象测候所仪器一览表

名称	件数	制造厂
福丁气压表	1	日本铃木金一郎
最高温度表	1	德国富司厂
最低温度表	1	德国富司厂
干湿球湿度表	1	日本铃木金一郎
风向器	1	日本小笠原计器制作所

① 国立中央研究院文书处. 国立中央研究院总报告（民国二十六年度至二十八年度）[Z]. 南京：国立中央研究院总办事处，1940：45.

续表

名称	件数	制造厂
鲁滨孙风速表	1	日本小笠原计器制作所
电气盘	1	日本小笠原计器制作所
雨量器	1	日本小笠原计器制作所
二十公分口径蒸发器	1	日本小笠原计器制作所
套盆式八十公分口径蒸发器	1	本所监制
地温表（深 0.3 公尺、0.6 公尺、1.0 公尺三种）	3	日本铃木金一郎
最低草温表	1	日本铃木金一郎
篦状测云器	1	本所监制
康培司托克式日照计	1	英国纳格拉底厂
气压计	1	日本小笠原计器制作所
温度计	1	日本小笠原计器制作所
湿度计	1	日本小笠原计器制作所
风向器用自计器	1	日本小笠原计器制作所
风速表用电接回数自记器	1	日本小笠原计器制作所
虹吸雨量计	1	日本小笠原计器制作所
百叶箱	1	本所监制
时钟	1	瑞士制

珍贵史料：国立中央大学理学院气象学系仪器标本

从东南大学图书馆志要中可以看出，1949 年 5 月，中国人民解放军南京市军事管制委员会文教委员会接管国立中央大学。接着，接管工作组组织师生员工参加学校财产和图书的清点、接收工作。6 月 9 日，国立中央大学接收移交报告中，列出有图书杂志清册目录 73 本，以及其他物资分类分布清册[①]。

① 张厚生 . 书苑文丛 [M]. 南京：东南大学出版社，2008：37 .

国立中央大学理学院气象学系仪器标本[①]

类别	名称	数量	出品厂名及牌号	单价	共价	来源	备注
测候	最高温度表	三	N. E 二				R. F 厂出品者已损坏
测候	最低温度表		R. F 一				
测候	干球温度表	四	N. E 二				
测候	湿球温度表		R. F 一				
测候			Lam 一				
测候	地温表	四	R. F				
测候	旋转温度表	二	Lam				
测候	黑球温度表	一	N. E				损坏
测候	风扇温度表	一	Lam				
测候	普通温度表	五					
测候	温度计	一	N. E				
测候	水银气压表	一	Fortin Type				损坏
测候	空盒气压表	一	N. E				
测候	气压计	二	N. E 一 R. F 一				
测候	毛发湿度表	二	N. E 一 R. F 一				毛发已断
测候	毛发湿度计	二	N. E				
测候	雨量器	一	N. E				
测候	雨量计	一	N. E				损坏
测候	玻璃量筒	三	瑞华				
测候	波球日照仪	二	N. E 一 日本货 一				

① 中大理学院气象学系移交清册，收藏于中国第二历史档案馆，全宗号六四八，案卷号1083。

续表

类别	名称	数量	出品厂名及牌号	单价	共价	来源	备注
测候	飞机测候仪	一	Bosch				
测候	气球测候仪						
测候	高空气流测算板	一					
测候	马钟	一					
测候	太阳眼镜	一					
测候	沸点气压表	一					

珍贵史料：购置仪器文书和购买清单①

下图为中央研究院购买了马克、美元、英镑，用来购置国外气象仪器的文书，以及具体购置仪器的清单。公函时间为 1939 年。

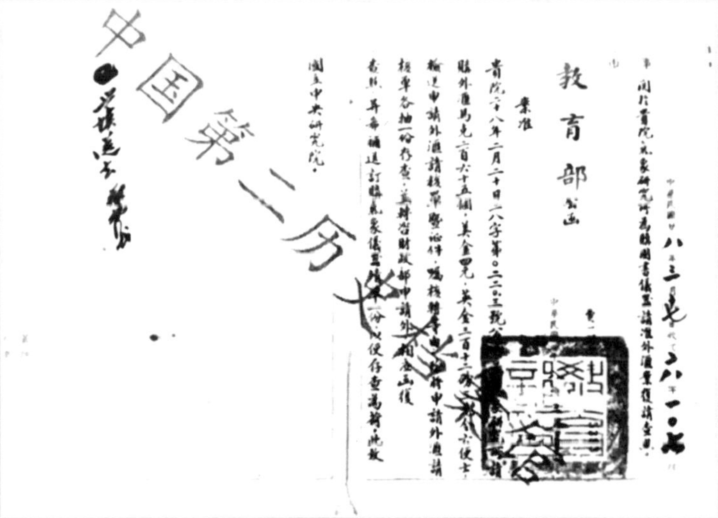
教育部

国立中央研究院

中央研究院气象研究所结购外汇购置外国书刊仪器文书

① 中央研究院气象研究所结购外汇购置外国书刊仪器文书，收藏于中国第二历史档案馆，全宗号三九三，案卷号 1858。

下面三张图片为气象研究所向国外购买仪器的函件之地面天气设备，都是美国气象设备模型（桌面放置），实际可能未购买到。

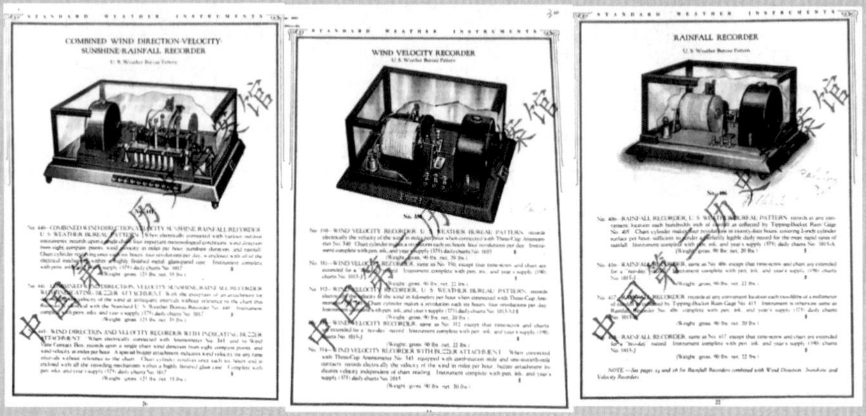

购置仪器清单

新中国成立之前，地面观测仪器主要以外国制品为主。1949 年，北极阁存留的气象仪器有美制寇乌式水银气压表、自记气压计、自记微压计、温湿联计、华氏玻璃液体温度表、英制康培司托克式日照计、虹吸式自记雨量计、雨量器，蒸发皿和乔唐式日照计等。

康培司托克式日照计
（图源：南京市气象局）

第 7 章

风云变幻起征程

民国初期，整个中华大地都处在风雨飘摇之中，许多行业都被外国人把持，气象事业也不例外。在气象预报方面，外国控制的气象机构把持着工作，我国无独立的气象主权。为了实现本国独立的气象预报工作，气象研究所做出了很大的努力，终于具备了独立进行气象预报的能力，结束了外国对于我国气象预报的垄断。气象研究所在这几十年中，努力发挥气象服务功能的同时，还进行了很多气象研究，对观测记录进行了有序整理，为我国的气象事业积累了许多财富。此外，由于气象人员的匮乏，气象研究所也进行了许多气象方面的人员培养工作。

那么，气象研究所是如何探索独立实施天气预报，并绘制东亚气象图的呢？气象研究所内人员在北极阁时期撰写的气象科研文章有哪些呢？国立东南大学地学系气象测候所和伪水利委员会南京测候所又是如何进行气象观测记录的呢？北极阁作为我国气象人才的摇篮，都举办了哪些气象活动呢？本章将对这些问题进行详细介绍。一起走进这段岁月中，一同感悟风云变幻的气象征程。

第 1 节　气象预报和服务

（1）气象理论研究

天气预报是根据观测收集的各类气象要素（温度、压强、湿度、风速等），并结合天气学基本原理，来对某地区未来气象状况进行预报的工作。

1928—1932年，在当时的气象理论方面，芝加哥学派尚未成体系，挪威学派是当时国际知名的气象学派。挪威学派的极锋理论和锋面气旋模型已应用于天气预报业务，但对高空大气和低空大气天气系统之间的耦合联系还未认识清楚。

与此同时，在遥远的东方，气象研究所已经开始了高空气象探测业务，这为后来的气象科技的发展奠定了重要的实践基础。

在抗日战争前，国内应用的预报天气的理论基础主要来自挪威学派。这一学派对气团和锋面性质的研究十分精细，认为“气旋中有两种气团，冷暖气团的界面是锋面，锋面上的扰动使得静止锋变成冷暖锋……冷锋追上暖锋，最后形成锢囚锋和锢囚气旋”，而当时预报工作者就是通过对天气图中的锋面气旋的分析来进行天气预报的。

1929年，中央研究院气象研究所正式搬入北极阁。这一时期，黄厦千等人在发表的文章中多次指出了气团对于天气预报的意义，体现了挪威学派锋面气旋理论在国内天气预报中的应用。在北极阁气象研究所建立初期，预报方法还比较原始。该预报方法最初是利用天气图中的等压线变化进行的，也就是根据地面高低压的运动来确定云雨区域，如地面低压容易产生降水，高压容易产生晴朗天气。但是这种方法还是比较粗糙的，对特殊天气情况难以预报。1928—1932年，天气预报内容仅限于南京地区未来24小时的天气形势。预报的依据则是各地发布的气象电报（蕴含气象要素的电码）所制成的天气图。随着全国测候所数量的增加和高空探空资料的取得，以及预报方法的改进（从主要考虑地面高低压的移动变为对气团性质的讨论），北极阁气象研究所天气预报的准确性大大提高。

从现在回头看，即使当时已经应用了较为先进的天气预报方法，但当时的天气图预报方法与现代天气图预报方法仍有差异，现代天气图预报方法更多应用芝加哥学派的理论。20世纪40年代，随着叶笃正等人回国，芝加哥学派理论的传入对我国天气预报业务的发展起极大促进作用。

（2）气象电报和气象电码

气象研究所在刚刚成立时，就已经着手于同国内各单位的气象电报的交流工作了。气象电报按照国际惯例是免费且优先派发的，因此，气象研究所向国民政府交通部和建设委员会提出申请，并得到了批准。气象研究所每天将 06 时和 14 时的南京地区气象观测记录以电码形式拍发其他单位，并接收国内外相关气象电报。

为了保证气象电报传输的迅捷，1929 年初，气象研究所函请交通部购买了无线电长波收报机和短波收报机各一部，并聘请专员抄收气象电码。1929 年 12 月购买无线电发报机，1930 年 1 月开始应用。同时，由于北极阁与南京电讯部门之间传输气象电报较为费时，1931 年 7 月 10 日，又加装一部专线电话，直通南京鼓楼电报局。自此，经过电报局转送的气象电报都可以立即传到气象研究所的气象预报室。

在气象研究所成立之初，我国各测候所使用的气象电码存在着很大差异。为了使气象工作交流更加便捷，提升效率，1930 年 4 月，第一次全国气象会议期间，气象研究所等单位就提出了改进我国气象电码的方案。最终经过各方探讨，制定气象电码增为五组，并从 1930 年 9 月开始实施。这使得天气图的绘制、分析和天气预报工作都有了很大改进。此外，远东气象电码也存在很大差异。因此，1932—1937 年，沈孝凰、朱炳海和卢鋈分别汇编了 3 次有关远东气象电码的气象小册子，以便查考和使用。

在第二次世界大战前，气象电码是相对公开的，气象研究所可以根据需求致函各地协调电码。1937 年，卢沟桥事变后，中日关系日趋紧张。8 月 1 日开始，气象研究所的天气广播改用密码。气象密码的编制，除了有研究所工作人员参与外，也有军方特种工作技术队的参与，密码编印成《气象密电情报》。战时，除“电码”转为“密码”外，拍送电报的人员在拍出密码时，也需要努力躲避敌方追踪侦测。作为当时中国同盟的美军，其上校亚德利（Herbert Osborn Yardley）在回忆录《中国黑室》中提到了美军对于气象电报发出地的追踪情况。美军也只能拦截到两条无主气象电报进行破译，未查到拍出气象电报的人，也未搜寻到电报台站。

（3）绘制天气图

干旱、台风、洪水等重大灾害的发生以及发展演变，是关系国计民生的重大问题。所以，中央研究院气象研究所的天气预报业务中，民用气象是其重点，而天气图则是天气预报的重要工具。

1928 年，在中央研究院气象研究所筹备过程中，存在着气象人才匮乏的情况。同时，由于观测的需要，竺可桢意识到："观测诸人，皆为大学毕业生，对于气象一科学理上虽有相当了解，但对于预报台风，绘制天气图，修理仪器等，尚乏经验。"于是，他派黄厦千和沈孝凰到马尼拉气象台实习，学习绘制天气图和天气预报技术。1928 年 10 月，二人回国，在马尼拉气象台共实习 4 个月。

黄厦千和沈孝凰二人从马尼拉气象台实习完毕归国不久后，北极阁气象台开始根据收集的东亚各地气象电报绘制天气图，于 1929 年元旦试行天气预报，1930 年元旦绘制东亚天气图，按日分上午和下午绘制两张并发布南京天气预报。

从 1930 年元旦起，北极阁气象台每天油印数十份当天 06 时的天气图，除与国内外各气象台站进行交换外，还分送农林、水利、交通、航空等部门，以供参考。1935 年 5 月 1 日起，北极阁气象台对所制作的东亚气象图放大到 36 厘米 ×32 厘米，北至西伯利亚（60° N），南至印度（10° N），西至我国西藏，东至日本以东（140° E）。天气图的底图加印彩色，以显示地势的高低。且每日加印到 100 份，以供各方需要。以下资料就是当时北极阁气象台制作的东亚天气图。

1935 年起，气象研究所将每年 6—11 月定为台风期间，开始进行台风预警业务，这是中国自办气象机构从事台风预报的开端。

这些气象信息除了由国民党中央党部广播电台对外播报外，还刊登在次日的《中央日报》上。从此，终于结束了外国人在我国领土上对天气预报的垄断，做出了我国气象事业自己独立的天气预报，并开创了中国气象预报信息的广播业务。

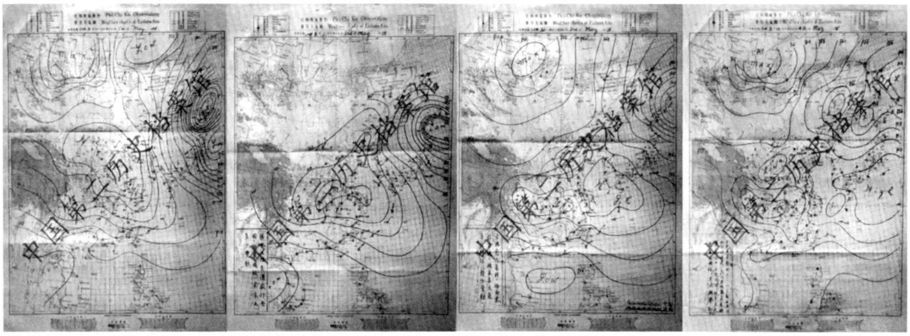

北极阁气象台编制的东亚气象图[①]

（4）抗日战争时期气象研究所的军用天气预报业务

1937 年，抗战爆发后，重庆作为陪都，各类测候所云集。气象研究所战时一度被迫停止了气象预报业务，迁到重庆后，于 1938 年 3 月 2 日恢复了绘制天气图和天气预报业务，且预报准确率非常高，其制作的重庆地区天气预报同时也提供给军政当局使用。每日制图后，研究所“以简短密码，预报未来天气于航委会或所在地航站，并复印当日天气图，分送航站及其他军事防空机关，籍供飞机起飞或防空之参考”[②]。抗战时期，江北测候亭观测的天气数据是重庆制定防空袭方案的重要参考资料。测候亭曾被日军飞机炸毁，但很快就被修复。

1939 年，气象研究所迁入北碚，但天气预报人员仍然留在重庆地区协助军事人员进行航空气象预报。此时，研究所开展了高空测候气象业务，在北碚水井湾等地区释放了很多测风用高空气球。气象研究所迁入北碚后，于 1939 年年底开始第一次投放高空气球，到 1941 年，投放高空气球的次数以春

① 北极阁气象台编制的东亚气象图，收藏于中国第二历史档案馆，全宗号六四八，案卷号 2338。

② 国立中央研究院文书处．国立中央研究院总报告（民国二十五至二十七年度）[Z]．南京：国立中央研究院总办事处，1939：41.

季和秋季最多、冬季最少，总体上呈现出增多的态势。根据中国第二历史档案馆资料记载，气象研究所分别于1939—1941年在重庆北碚水井湾等地释放高空气球，协助军事、航空方面获取气象信息，并将有关天气图复印抄送有关军事部门。天气预报人员通过大量的实践，将风速、云高、能见度等气象要素填在一张名为“航空气象表”的表单上，为空军作战提供了十分重要的气象方面的保障。当时记录的航空气象表分为“自用”与“敌用”两类，其中“自用”类主要标注了中国重点城市和东南亚重点城市的各类气象要素，为民用航空与军事战略轰炸均提供了气象信息上的便利。

由于战事侵扰，1941年底，气象研究所仅能收到国内18个站点拍发的气象报告。美日太平洋战役爆发，菲律宾等地区因为战争的原因，无线电台无法收到气象电报，导致天气预报业务进入极不稳定的状态，出现部分地区天气预报不定期停报的情况。在气象信息接收不足的条件下，进行天气广播的台站也随着战局的恶化急剧减少，到1941年底，国内只剩下18个台站尚能播报，且由于电源、空袭等原因，气象预报整期全区域停报的情况也会不定期出现。1941年10月27日，行政院中央气象局成立后，天气预报业务于1942年元旦移交中央气象局办理。

第2节　气象研究记录和成果

气象研究所十分重视我国的气象资料的收集整理与深入研究，其成立之后即组织力量搜集、发掘、整理分析全国各地历史气象资料和进行气候调查研究工作。

气象研究所成立后，将观测记录进行收集整理并出版了《气象季刊》《气象月刊》《气象年刊》等多本刊物。其中，《气象季刊》于1928年出版，以分析各季度气象情况为主旨，主要记载1928年以后各月份的风向风速变迁图以及气象要素变迁图，通过图表形式报导气压、气温、湿度、雨量、云状、云量、风向等专业测试数据，并全部以图表数据的形式展示出来，以便于更为直观地了解气象变化，清晰易懂。《气象季刊》出版 4 期后发展为《气象月刊》，增加了每月全国各地区的逐日气象平均要素、气象记录以及每月南京地区气象概况等内容。1930 年后，还汇编出版了《高层气流观测记录》《地震季刊》等。

为了增进对天气、天气系统及其演变的了解，提高天气预报质量，气象研究所内还进行了多项研究，发表了不少论著。如竺可桢的“长江流域 1931 年 7 月雨量特多的原因”和“南京三千公尺高空之风向与天气预测”，涂长望的“我国低气压之成因与来源”，吕炯的“极面学说与中国长江流域下游之风暴”，沈孝凰的“东亚温带低气压之分类及其性质”等。同时，黄厦千等人发表了“中国气团性质的研究”“中国冬季气团界面与气旋”“中国之气团”等高水平论文，这些文章则多次指出了气团对于天气预报的意义。以上许多文章都收录于国立中央研究院《气象研究所集刊》之中。有兴趣的读者可以查找、阅读以上文章。

1931 年，国立中央研究院《气象研究所集刊》创刊①。刊内的文章几乎全为英文，刊载内容包括中国天气图、气象学论文，以及对中国各地气候现象、气象要素统计图表的分析等。该刊结合了当时世界比较先进的气象学研究理论和气象图表，对中国的气象概况进行了详细分析和阐述。

抗战胜利后，中央气象局从重庆搬到南京北极阁办公。1947 年 2 月，创办《气象汇报》并按月出版，其内容包括国内外气象学文章、国内外气象消息、全国天气概况、各地气象要素统计等，这为当代气象学方面的研究提供了宝贵的文献资料。

同时，气象研究所也不断进行着与其他机构的气象资料交流工作。气象研究所主要从清华大学、《中国科学》编辑部等机构购买书籍资料。研究所产出天气预报等信息则主要有五类机构接收与使用：航空委员会接收用于航

① 根据陈学溶《中国近现代气象学界若干史迹》中研究，国立中央研究院《气象研究所集刊》的首创应该是 1929 年，而大多数文献或民国杂志记载的是 1931 年。

空事业，航空气象委员会接收用于统一调度，海军部接收用于战事，粮食部、铁道部等接收用于民用，陆军炮兵学校等接收用于教学与培训。在与国内各机构交流的同时，气象研究所亦与国外气象机构建立过合作关系，如美国弗莱明队长请求拍摄研究所所绘 1925—1939 年天气图，用于中美气象合作等。

国立中央研究院《气象研究所集刊》

（南京北极阁气象研究所印行，中华民国二十六年十一月）

除了当时气象研究所在北极阁内进行气象研究获得的成果之外，南京其他测候所也出版了部分气象记录，这帮助南京地区的气象记录得到补充完善。

国立东南大学曾于 1923 年编印《中华民国十一年南京气象年报》，其中记录了 1922 年南京气候概况、气象纲要和气象记录等。随后，又于 1924 年编印了期刊《南京气象月报》，其中包含南京气候概况、当月气象概要、湿度曲线图、气压曲线图、温度曲线图，以及每月份与历年月份气候状况比较表等。

汪伪政府管理下的水利委员会南京二等气象测候所编辑出版了《气象报告》，主要刊登内容包括：测候所成立经过，仪器设备以及南京每年每月日照、风向、雨量、云量、湿度等气象要素与气候状况（以图表的形式发布）。该刊载文有《中华民国二十九年十月南京风向图》《中华民国二十九年十一月南京逐日日照时数》《中华民国三十年三月南京逐日气象要素平均表》《中华民国三十年四月南京气象纲要》《水利委员会南京二等气象测候所仪器一览表》等南京每年每月日照、风向、雨量、云量、湿度等气象要素的图表。

第 3 节　气象人才摇篮

（1）开办四届气象培训班

北极阁之所以被称为民国时期中国气象人才的摇篮，与其举办的四届气象培训班有着密不可分的关系。

自 1929 年起，气象研究所就开始筹划气象测候网建设和气象通信网建设。然而，开办测候所、获得准确的气象报告需要一批测候人员，但当时国内的气象专门人才本来就很缺乏，且各省基本无力培养测候人员。

为了缓解气象人才严重匮乏的压力，竺可桢借鉴了日本附设于东京中央观象台下的气象技术官养成所的办学经验，于 1929—1936 年共举办了四届气象训练班。一方面，招收近百名高中理科毕业生进行气象学专业训练，训练期满后，根据《国立中央研究院气象研究所气象练习班规则》第六条“凡本练习班学生毕业后三年以内须遵守本所所颁布之测候生服务条例，往本所指定之测候所服务，不得推诿”之规定，由该所分配至各直属分所工作。另一方面，接收各机关、单位保送人员几十名，给予在本所进修、实习的机会，提高他们的业务能力，以促进各气象机构业务水平的提高，同时与各省建设厅或开办方上级单位联系，由其选送人员来南京参加培训，培训期间免收学费，但其差旅费及生活费用由选送单位承担。在当时，气象培训班的建立有效缓解了气象人员奇缺的问题。

在抗战前的 10 年间，气象研究所通过合作或自行办班的形式，正式培养了四届学员 123 人，其中 90 人顺利结业，为大约 40 个气象台站提供了人力资源，为气象事业发展奠定了人才基础。按照 1928 年气象研究所设立全国气象观测网的计划，还应大力培养人才，但受抗战影响，1937 年第四届培训班结业后再无办班。

① 第一届气象学习班

在正式成立气象研究所后不久，1929 年 1 月 28 日，国民政府军政部航空署派航务科科长汪丰来所请求开设气象研究班，以利飞行事业，河南、陕西和甘肃等省政府亦有培训气象人员的要求。因此，气象研究所于 1929 年 3 月 11 日开办了第一届气象学习班，4 月 20 日毕业。学员由各单位保送，其中 8 名是航空署保送来的，分别是朱立三、陈寿昌、李景昀、张季慎、纪骏、毛显章、卢启迪、周朴；陕西省政府保送了张东昌、柴栋生；河南省政府保送了张明理、徐式训；甘肃省政府保送了丁灿、周荫堂。都分别听讲和实习共 6 个星期。陕西省和航空署学员 4 月准时毕业，河南和甘肃两省学员抵达南京迟，到 5 月上旬末毕业。

② 第二届气象学习班

多年以来，法国传教士借保护航行安全为名，侵犯我国主权，在上海徐家汇设立了观象台。后来，上海法租界公董局又在上海顾家宅设立无线电台广播天气报告和预报，而且暗收商电，侵占我国权益。国民政府交通部国际电讯局为了取缔它们，使它们无所借口，于是和气象研究所协商订立了利用上海无线电台自行广播天气报告和预报的合作办法，并准备在全国各无线电台有计划地附设气象测候所，测候人员和气象仪器皆由气象研究所安排和供给。因此，气象研究所决定开办第二届气象学习班，于1931年3月公开招生。招生对象为旧制中学或高级中学毕业生，定额为30名。3月2—16日报名，共报考135人。3月22日考试，考试课目为数学、党义、常识（理、化、史、地）和英文。3月25日发榜，录取27名：史镜清、欧阳绩、陈忠杰、黄国镇、刘粹中、徐天强、赵福临、邹祥伦、金丽生、吴悟涯、殷来朝、周朝阳、徐宝箴、彭书麟、汪桐、赵树声（即赵恕）、罗月全（即罗素人）、毕梦痕、金廷秀（即池国英）、王庚元、姜亚光、邹新助、周矩桥、吴永庚（即吴永赓）、瞿邃理、游崇鼎和黄绍先。

除了公开招考录取的学员外，气象研究所还接纳了9个省的有关单位保送来班学习的学员13名：周宏黄（湖南省建设厅）、黄默忧（江西省建设厅）、白俊贤（山东省建设厅）、严振飞（水产学校）、宛敏渭（安徽省建设厅）、方祖泽（福建）、廖佐治和李应芬（广东省建设厅）、李永燮（和县教育局）、吴万卷（中国西部科学院）、金加棣（东阳教育局）、林树九和游学泽（四川大学）。

两者共计40名学员。

招考录取的学员于3月27—28日两天检查身体，30日下午由竺可桢亲自口试，并领取学习班规则、测候生服务条例，填写志愿书、保证书等。录取学员学习期间每人每月由气象研究所发给津贴10元，6个月共发60元，膳宿自理。毕业后，三年内学员需遵守气象研究所颁布的测候生服务条例，前往该所指定的气象测候所服务，不得推诿。服务期间，月薪50元，其成绩佳良，服务勤劳者，两年得增薪一次，每次10元，以增至80元为限。如服务满六年而有特殊成绩者，得升为测候员，月薪80元，测候员酌量成绩，得每年增薪一次，每次10元，以增至180元为限。

学员在学习期间自行退学或因品行不端、成绩过劣、缺席过多而被令退学或毕业后不往指定的测候所服务，除有特殊事故，呈由所长核准外，概需追缴津贴及相当的教育费，其金额由所长酌定之；保送的学员每月不发津贴，毕业（结业）后，由保送单位负责安排工作。

珍贵史料:《气象练习班招生简章》[1]

（一）宗旨：造就气象测候生

（二）学员：三十名

（三）期限：六个月毕业，九月至十一月、四月至六月

（四）资格：（1）高级中学或旧制中学毕业；（2）年龄在十八岁以上三十岁以下；（3）体格健全能耐劳苦诚实无嗜好者

（五）报名：（1）日期：三月二日起至十五日止；（2）地点：南京北极阁本所；（3）随缴毕业证书及最近四寸半身照片，一张报名费一元，报名费录取与否概不退还

（六）考试：（1）日期：三月二十日；（2）地点：中央大学；（3）科目：常识、国文、英文、数学（常识：理化史地）

（七）开学：四月一日

（八）待遇：练习期间不收学费膳宿自理，毕业必须往本所所指定之测候所，服务月薪五十元，视成绩之优异，服务之勤劳每两年得加薪一次，凡入所服务者，均需服从本所颁布之各项服务规则

第二届气象学习班开学时间为1931年4月1日。当时的学员较多，上下北极阁气象研究所不便，因此借用成贤街文德里中国科学社生物研究所的楼房作为教室。学习课程包括：数学（每周6小时）、物理（每周5小时）、理论气象（每周5小时）、实验气象（每周2小时）和英文（每周2小时）等。聘请教师为：方光圻、张开圻和张镜欧。气象研究所陆鸿图、黄逢昌和沈孝凰诸先生前往兼职任教。

国民政府交通部无线电台附设气象测候所的计划，原定于1932年1月开始实行。为此，气象研究所于1931年12月上旬曾派黄逢昌和全文晟先后分赴沿江和沿海，考察筹设测候所地点并暂定先设8处，但最后终未建成。第二届气象学习班学员，也因此陆续分遣到其他测候所服务；保送的学员仍按

① 气象练习班招生简章·第四届气象练习班学生毕业考试成绩表，收藏于中国第二历史档案馆，全宗号三九三，案卷号204。

原来规定，回各保送单位分派工作。

珍贵史料：气象培训班笔试试卷

以下为气象培训班常识、英文、数学的笔试试卷。

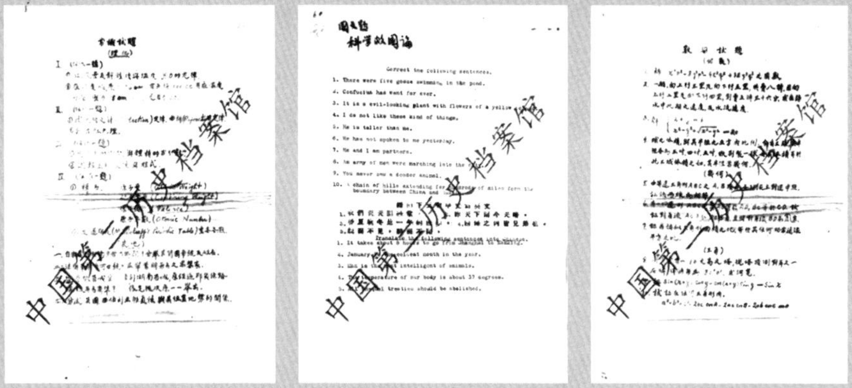

常识试卷、英语试卷和数学试卷①

③ 第三届气象学习班

1934 年，各方对测候人员的需求增加，气象研究所又拟筹建多处直属测候所。因此，呈请国立中央研究院核准于 10 月开办第三届气象学习班。

1934 年 9 月 10 日，当时的《中央日报》《大公报》都登载了国立中央研究院气象研究所开办第三届气象学习班的招生启事：凡高中毕业，30 岁以下者均可报考气象学习班。录取名额为 30 名。10 月份开学，学习时间为 6 个月，膳宿自理。毕业后派赴各地气象测候所任职，起始月薪为 40 元，以后视其服务年限和成绩加薪。到报名截止时间，共有 530 人报考。总体和第二期的招生简章相似。原定借用国立中央大学地理系各教室为试场，但因考生众多，临时改借在考试院（即现在的南京市政府）大试场等。

后来，由于报名人数众多，改为录正取 40 人和备取 10 人。公布的正取

① 气象研究所气象练习班应试学生名单、考试试卷、实习成绩册等有关文书，收藏于中国第二历史档案馆，全宗号三九三，案卷号 2844。

名单为：陈学溶、许鉴明、胡世桢、叶祖融、段龙、李健、刘世海、顾钧禧、胡铁岩、尹世勋、朱翠芳、顾金甫、孙毓华（即孙西岩）、徐勉钊、高学文、杨鉴初、徐延煦、陈禾章、张根炳、冯天荣、薛铁虎、姚善炯、张立、黄大鲁、严之永、戚启勋、周桂林（即周政国）、蒋瑞生（即蒋萃）、何明经、李启锋、王之耀（即周善朋）、徐守谦、曾广琼、顾侠、孙以诚、朱启奎、斯杰、杜靖民、左效光、贺其华。备取：李成章、陈五风、李振慧、贺师培、涂翔甲、侯位贤、黄祖福、陈遵民、邹家泽、曾玉昌。10 月 1—2 日，竺可桢亲自面试。10 月 3 日，在气象研究所图书馆举行开学典礼。仍借用成贤街文德里中国科学社生物研究所二楼为教室。开学后，正取各生有未来报到的，所以备取生得补到第五名。各单位保送的附读学生有 13 人：杨则久（江苏省建设厅）、欧阳楚豪和赵春吾（湖南棉业试验场）、陈遵民（福建省教育厅）、赵卓和杜登汉（陕西省水利局）、刁钦奎和刁纯益（四川省政府）、顾庆云和斯之和（浙江省建设厅）、钟侃（湖南省建设厅）、文君毅（陕西测候所）、佘彭年（云南省教育厅）。附读学生也同时就读。

本届所授课程较前届增多无线电一门，减少英文一门。每周气象学 5 小时、微积分 3 小时、物理学 4 小时、实用气象学 2 小时、无线电 5 小时。上午上课，下午自修或实习。各课教师全为气象研究所职员，气象学由竺可桢用道林纸铅印的自编讲义亲自授课，后因公务繁忙，势难兼顾，第二学期改由吕炯先生任教。指定的参考书有 *Meteorology*（作者为 Geddes A E M）和 *Weather*（作者为 Abercromby A 和 Goldie A H K）等。微积分和物理由金泳深先生授课，实用气象学由朱文荣先生授课，无线电由樊翰章和何元晋两先生合授。12 月底，第一学期结束，放寒假 7 天。次年 1 月 9 日第二学期开始，至 3 月 22 日大考完毕，26 日举行毕业典礼。会议结束前发给第三届气象学习班毕业证书，会后全体合影留念。

在本届录取学员 45 名（正取 40 名、备取 5 名）中，除了以上提到的毕业名单中的 28 名以外，另有 1 名（王之耀）当时未列入毕业和分配名单，其余 16 名中有 9 名没有来报到，有 4 名（朱翠芳、陈五风、胡铁岩、尹世勋）报到后未参加学习，或在毕业前，即应气象研究所的要求，去该所从事气象统计工作，有 3 名中途退学。保送学员中，除顾庆云在学习期间病故外，其余 12 名皆如期毕业（4 名）或结业（8 名）。

气象研究所第三届气象学习班师生合影（摄于 1935 年 3 月）①

④ 第四届气象培训班

根据竺可桢 1936—1937 年的日记及气象研究所大事记可以看出第四届气象学习班的情况。本届学习班在 1936 年 11 月 15 日进行招生考试，18 日录取 6 名，30 日报到，12 月 24 日开始上课，1937 年 2 月 1 日举行毕业考试。这 6 名学员除朱岗崑以外，还有蔡秉久、肖望山、李恒如、王履新和黄仁德。以下是当时第四届气象练习班学生的毕业成绩表。

在人才匮乏的年代，气象研究所举办的四届培训班，培养了一批批优秀的气象专业人才，为当时中国的气象事业做出了不可磨灭的贡献，使得我国气象事业得到了很大的发展。

① 陈学溶 . 中国近现代气象学界若干史迹 [M]. 北京：气象出版社，2012.

第四届气象练习班学生毕业考试成绩表[1]

姓名	气象学分数	实习分数	总平均
蔡秉久	91	91	91
朱岗崑	78	92	85
肖望山	70	84	77
王履新	62	85	73.5
黄仁德	62	62	62
李恒如	59	77	68

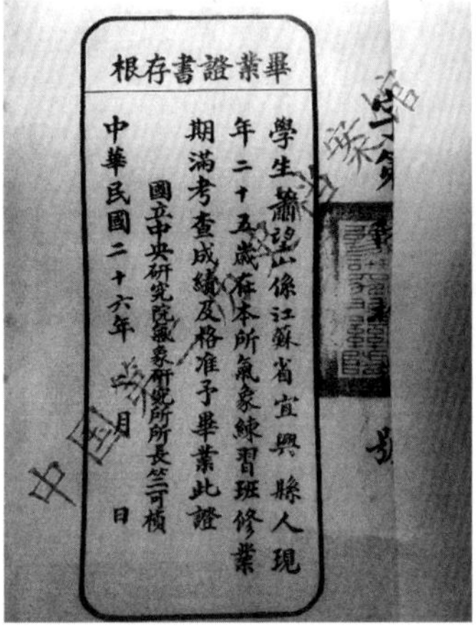

畢業證書存根

學生[illegible]係江蘇省宜興縣人現年二十五歲在本所氣象練習班修業期滿考查成績及格准予畢業此證

國立中央研究院氣象研究所所長竺可楨

中華民國二十六年 月 日

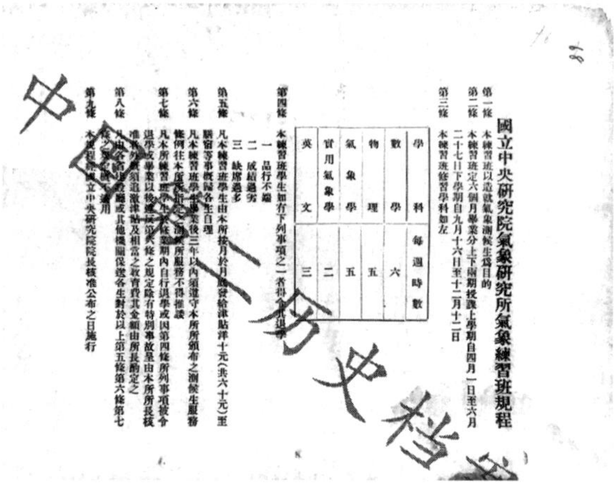

國立中央研究院氣象研究所氣象練習班規程

第一條 本練習班以造就氣象測候生為目的

第二條 本練習班定六個月畢業分上下兩期授課上學期自四月一日至六月二十七日下學期自九月十六日至十二月十二日

第三條 本練習班修習學科如左

學科	每週時數
數學	六
物理	五
氣象學	五
實用氣象學	二
英文	三

第四條 本練習班學生如有下列事項之一者得令其退學

一 品行不端

二 成績過劣

三 缺席過多

第五條 凡本練習班學生由本所按月發給津貼洋十元(共六十元)至膳宿等事概歸各生自理

第六條 凡本練習班學生[illegible]業後三年以內須遵守本所所頒布之測候生服務條例往本所[illegible]測候所服務不得推諉

第七條 凡本所練習班學生[illegible]期內自行退學或因第四條所列事項被令退學或畢業以後違反第六條之規定除有特別事故呈由本所所長核准外概須追繳津貼及相當之教育費其金額由所長酌定之

第八條 凡由各省[illegible]機關或其他機關保送各生對於以上第五條第六條第七條之[illegible]適用

第九條 本規程經國立中央研究院院長核准公布之日施行

气象研究所各届气象练习班毕业证书存根（左）及气象练习班章程（右）[2]

（2）研究生培养

民国时期，以国立中央研究院为代表的各种学术机构，在许多学科领域做出了有益探索。科学能否得到长久的进步，关键就在于人才是否得到蓬勃

① 气象练习班招生简章·第四届气象练习班学生毕业考试成绩表，收藏于中国第二历史档案馆，全宗号三九三，案卷号 204。

② 气象研究所各届气象练习班毕业证书存根及气象练习班章程，收藏于中国第二历史档案馆，全宗号三九三，案卷号 2865。

发展，这同样也是我国科学事业能否持续与国际接轨的必要前提。作为国家最高学术机构，中央研究院取得杰出研究成果的同时，也造就了一大批杰出人才。

中央研究院在建院之初就考虑了研究生培养，其内容包含在第二次院务会议七项决议中。为了保证人才培养正规化、制度化，大会决定先拟定章程和调查表。第三次院务会议通过研究生章程大纲，初步拟定了研究生报名资格、选拔办法、学习年限、生活津贴及毕业证书等。

珍贵史料：《国立中央研究院设置研究生章程》[①]

（1）国立中央研究院各研究所得设研究生，研究生人数每年由各所所务会议决议通过经院长核准；

（2）凡具有此列资格之一者得应研究生之选拔考试：①国立大学本科毕业者；②在教育部立案之私立大学或本院认可之国外大学本科毕业者；

（3）研究生考试规则各所另订；

（4）研究生研究期限为两年；

（5）研究生研究期内工作不力或犯研究规则者得由所长提出所务会议，令其退出研究所；

（6）研究生在研究期限完满时如其所研究之共工作未能完毕，经所长之特许得酌量延长其研究期限；

（7）研究生在两年研究期限内所得之成绩经研究院认为满意者，由研究院给予证书；

（8）研究生由研究院每月给予津贴三十元至五十元，其数目由各所斟酌情形并参照研究人数提交所务会议议决规定；

（9）研究生得将其研究成绩依照各研究所之论文奖金规则向该所提出呈请奖金；

---

① 国立中央研究院设置研究生章程，收藏于中国第二历史档案馆，全宗号三九三，案卷号1631。

（10）各研究所得设格外研究生，其资格及入所手续与研究生同，但不得享受津贴之待遇。

1936年，中央研究院重新修订各项章程，包括设置研究生章程，规定“研究生修习期内，如有重要贡献者，得由本院给予奖励”。时任总干事丁文江拟就《国立中央研究院基金暂行条例》，规定每年基金利息一部分用于“有特殊重要性质之讲座及研究生名额”“有促成学术进步功用之奖学金”等。中央研究院职称认定规则对本院研究生也做了规定，留院工作直接聘为助理研究员，相当于中级职称，由院长“函任”，任期同正、副研究员。就建制而言，中央研究院从招生、培养到就业都有文件。鉴于各所发展不一，招生人数由各所酌情决定。通过考试和审查保证了招生过程公平、公正。录取后每月30～50元津贴，保证维持生活外略有盈余，能安心从事研究。因各所情况不同，培养方式也不尽相同。

（3）实践训练人才

为协助研究员和副研究员工作，中央研究院设助理研究员和助理员的岗位，另设编纂、技正、技士、技佐等技术型岗位。实际操作中各所根据需要另增设岗位。以1935年为例，气象研究所共39人，众多青年在这些岗位上经过历练，成长为各学科的中流砥柱。

在技佐考试中，笔试部分涉及国文、英文和数学。1944年3月12日公布了技佐笔试录取人员名单，分别是张培绪、陆贻定、吴立功、赵世禄。前2人分配在天气组，后2人分配在气候组。还有8名人员笔试备取。

气象研究所招收练习助理员也是一种选拔人才的途径。报考要求是“国立大学及独立学院或教育部立案之私立大学及独立学院或本所认可之国外大学理学院物理系及地理学系或其他相当学系毕业者”。参加考试的科目有物理学、外国语（英、法、德任选一种）、气象学、气候学。

测候生招生培训也是一种选拔人才的途径。国立中央研究院气象研究所招收测候生简章[①]内容为：高级中学或全日制中学毕业。年龄在十八岁以上三十岁以下。体格健全、能耐劳苦、诚实而无嗜好者。参加考试的科目有国文、英文、数学（代数、几何三角）、物理。而被录取之后所有的待遇包括训练期间膳宿自理，不收学费，训练期满后派往本所指定之测候所服务并须服从本所颁布之各项服务规则，月薪四十元，如果派赴边疆，月薪五十元。视成绩之优异服务之勤劳每两年得增薪一次。

（4）学术讨论活动

气象研究所曾多次举办座谈会和学术研究等。在这些活动中，气象研究所人员轮流负责担任学术讨论会主讲或进行报告，而演讲部分则主要由所外专家进行。以一次活动为例：九月二十四日，副研究员张宝堃提出关于西南气候的问题，举行了一次座谈会，其中的讨论会节目条例如下。

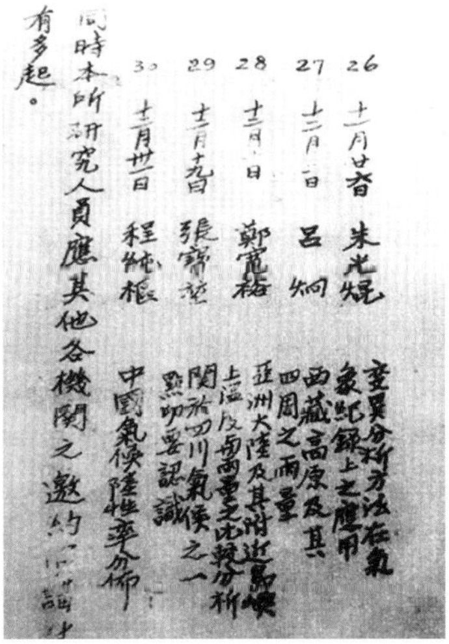

26 十一月廿四日 朱光焜 變異分析方法在氣象紀錄上之應用
27 十二月一日 呂炯 西藏高原及其四周之雨量
28 十二月八日 鄭寵梅 亞洲大陸及其附近島嶼上溫度及雨量之比較分析
29 十二月十五日 張寶堃 關於四川氣候之一點初步認識
30 十二月廿二日 程純樞 中國氣候隆性率分佈
同時本所研究人員應其他各機關之邀約
有多起。

部分讨论节目条例[②]

① 中央研究院气象研究所章程、测候生服务条例、全国气象观测实施规程等各种章程条例，收藏于中国第二历史档案馆，全宗号三九三，案卷号 2825。

② 气象研究所工作报告，收藏于中国第二历史档案馆，全宗号三九三，案卷号 1372。

这些学术讨论活动总计多达 30 次。讲题内容涉及中国之寒潮与气候、西北之气候、气象与测绘、气候与植物、气候与动物、中国之物候、论二十四节气的新用法、南京测云报告等多个方面，使得新思想、新观点、新发现产生了很好的交流。

现代篇

新的时代已来临，
古城焕新颜，
风云变幻新山河，
砥砺前行，
气象事业开新篇！

南京气象事业在新中国成立后，开启了新的篇章，在北极阁积累的厚重历史也为再次起航的新南京气象事业注入了精神力量。本部分用了1章重点简述南京在1949年以来气象进程发展中的变化，以及在气象现代化中的具体表现，展现了新的南京气象风采。

第 8 章

科技助推现代化

当历史翻过灰蒙蒙的上一篇章，全新的时代将往日阴霾一扫而尽，在新时代的号角声中，南京气象用辛勤和努力培育着一棵参天大树。

自中华人民共和国成立以来，我国如何一步步摆脱对进口气象观测仪器的依赖，走上自研自产的独立道路？气象业务的现代化进程如何？南京在我国气象事业的大发展中做出了哪些贡献？

第 1 节　气象观测变化

（1）初步探索（1949—1979 年）

新中国成立之初，百端待举，气象事业的发展水平较发达国家有相当大的距离。缺技术、短仪器，在这样的“逆风开局”下，相关气象部门和人员只得摸索着前进。

新中国成立之初，国产气象观测仪器的制作规范不明确，制造技术落后，因此仪器多靠进口。进口的仪器有苏式百叶箱、干湿球温度表、定槽式水银气压表、微气压计等。然而，型号、规格杂乱，观测缺乏统一的技术标准和操作规程，对总体的气象观测规范性有极大的负面影响。

气象观测是气象工作的前提和基础，为了建设统一的气象业务，获取准确的、可比较的、有代表性的气象数据，气象观测的规范化便是无可回避的重要问题。新中国成立初期，气象事业由中共中央人民政府人民革命军事委员会气象局（简称军委气象局）负责。1950 年 11 月 20 日，军委气象局制定了《气象测报简要》，经过新编后要求全国气象台站自 1951 年 1 月 1 日起统一执行。这是新中国第一部气象观测规范，初步和部分地统一了地面气象观测工作[①]。然而，由于当时国内气象仪器生产水平有限，各气象台站只得沿用旧有仪器，仪器的规格、标准未实现统一。直至 1954 年，开始统一执行《气象观测暂行规范（地面部分）》，对观测的各个环节，如仪器安装、仪器规格、观测方法等都进行了详尽的规定，才全面统一了地面气象观测工作。这个阶段执行的高空观测规范有《暂行探空工作制度》《高空风测报简要》《高空风记录收集与审核暂行办法》等，改进和统一了高空风观测工作。

珍贵史料：新中国成立后的第一本观测规范

中华人民共和国成立后，全国尚未制定统一的气象观测技术规范，全国各气象台站只能沿用旧的方法。军委气象局于 1950 年 11 月 20 日颁发《气象测报简要》，1951 年 1 月 1 日，全国气象台站统一执行新编的《气象测报简要》。这本规范是在中国气象观测基础非常薄弱的情况下，参照苏联的一些观测方法制定的。这是新中国成立后的第一本观测规范，初步和部分地统一了地面气象观测工作。

1950 年《气象测报简要》

① 江苏省地方志编撰委员会 . 江苏省志・气象事业志 [M]. 南京：江苏科学技术出版社，1995：78-79.

在这个阶段，国产气象仪器制造业完成了一次大跨步。20 世纪 50 年代后期，得益于第一次全国气象工作会议上确定的明确方针和任务，气象仪器制造业得到重视和发展。20 世纪 60 年代开始，我国的气象仪器基本实现自给，开始分期分批换用国产仪器，逐渐形成了以国产仪器为主的气象仪器使用框架，如国产 EL 型电接风向风速计、GZZ–2 型（59 型）转筒式电码探空仪。20 世纪 70 年代，随着我国地面气象仪器研制工作的发展，一些遥测、自动的先进仪器设备逐渐被投入使用。

随着高空探测的发展，在这一时期使用的探空仪和测风雷达的发展相当显著。探空仪经历了从美式电子探空仪、芬式探空仪、苏式 P3–049 型梳齿式探空仪，到 GZZ–2 型探空仪的变化。随着我国现代化技术水平的不断提高，开发了国产 59 型探空仪。测风雷达方面，我国从最初使用国产第一代 910 雷达进行高空风的探测，发展到后来的 701 二次测风雷达、701C 雷达、GFE（L）1 测风雷达。这些新仪器的使用和迭代，让气象部门的业务项目不断增加，测量精度逐步提升。

新中国成立初期，华东气象区台在南京市中山北路 148 号成立，为华东地区的气象业务领导中心。几十年间，由于气象部门管理体制几经变革，南京地面气象观测站的站址也多次变迁，最初建于南京市中山北路 148 号，之后先后迁址至南京市北极阁、南京市雨花区红花乡小校场、南京市江宁区月华路。

1958 年，为了配合全球国际地球物理年观测活动，江苏省气象局在小校场观测站筹建甲种太阳辐射观测站。于次年开始观测，观测项目包括直接辐射、散射辐射、地面反射等，观测规范遵照（中共）中央气象局印发的《辐射观测方法》。

珍贵史料：南京探空最早使用的美式月报表

1951 年至 1953 年 3 月，南京使用美式月报表进行高空资料统计，以高度作为规定层，填写温度、露点和风向、风速。后改为以等压面作规定层，填写高度、温度和露点。

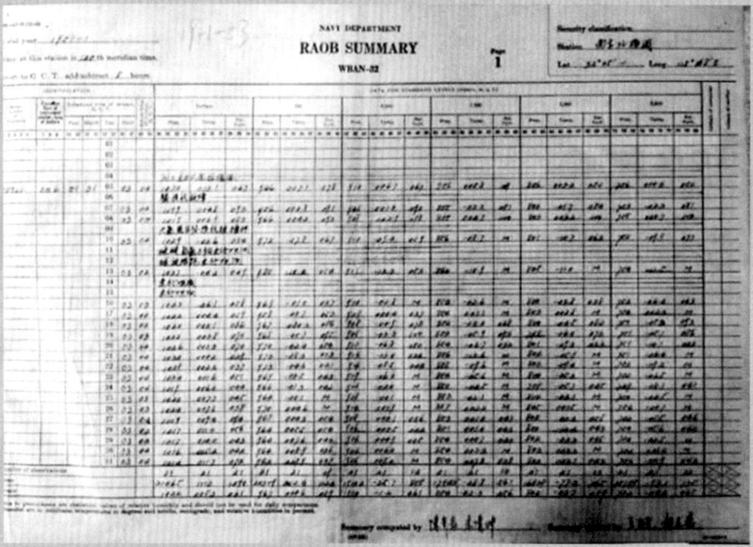
NAVY DEPARTMENT

RAOB SUMMARY

WBAN-32

南京探空最早使用的美式月报表[①]

珍贵史料：南京气候站早期气象工作情况

仪器：观测场内作了一次整理，改装了小型蒸发器及 200 cm 高雨量器，埋了维尔德风向风速器的木椿。

单站霜冻预报工作：自 3 月 15 日开始至 4 月 9 日值班制度改为 1 日 3 班制，每日两人轮流值班。

物候观测：双日进行，自 4 月 15 日到 23 日连日进行观测，每次观测约 1.5 小时。

观测项目：本月份观测小麦的拔节、抽穗、开花、密度、高度。增加作物生长状况和野草混什度。

——南京气候站 1955 年 4 月工作小结[②]

① 庄国泰 . 中国的世界百年气象站（三）[M]. 北京：气象出版社，2021：101.

② 资料来源：江苏省档案馆（卷宗号：4079-005-0006）。

从江苏省档案馆的资料中可以看出，当时南京气候站的工作内容很多，既有天气的预报，还有仪器的安装、改装。值得注意的是，气候站对物候现象的观测主要针对小麦等农作物，这反映了对农业气象的重视。

珍贵史料：小校场气象站安装制氢设备

小校场气象站 DJQ-2 型电解水制氢设备工程。1979 年春施工，1980 年 4 月 20 日正式交付使用。使用电解水制氢使探空观测人员摆脱了制氢工作的繁重体力劳动，避免了可能的人身危险，是建设改善探空台站技术条件的重要措施，是四化建设内容之一。

——小校场气象站 DJQ-2 型电解水制氢设备工程①

在气象站安装重要气象设备时，工作人员都会进行文字记录。上述档案就记载了 1979 年小校场气象站安装制氢设备的过程和意义。

（2）稳步发展（1980—2000 年）

中共十一届三中全会后，气象事业也在改革开放政策的指导下稳步跟进。1982 年 3 月，经国务院批准，气象部门实行新时期的气象工作方针："积极推进气象科学技术现代化，提高灾害性天气的监测预报能力，准确及时地为经济建设和国防建设服务，以农业服务为重点，不断提高服务的经济效益。"根据党的十二大提出的到 20 世纪末力争实现全国工农业年总产值翻两番的总目标，从我国的国情出发，在《气象现代化建设发展纲要》中提出奋斗目标："到 20 世纪末，力争建成适合我国特点、布局合理、协调发展、比较现代化的气象业务技术体系，把经济发达国家气象部门在 70 年代或 80 年代初已经普遍采用了的先进技术在我国各级气象部门广泛采用。"

南京在全国气象事业努力追赶先进国家步伐的过程中，也贡献了一份重要力量。1990 年 1 月 1 日，南京气象观测站被定为二级太阳辐射观测站，观

① 资料来源：江苏省档案馆（卷宗号：4079-007-0183）。

测时间为日出到日落，观测项目增加了净全辐射、日射强度。同年，开始进行酸雨观测。1993 年 1 月 1 日开始，太阳辐射改为自动观测，将原观测时间从日出至日落，改为 24 小时连续观测。

1991 年 1 月 1 日，南京地面观测台站被中国气象局升级为国家基准气候站。国家基准气候站是国家气候站网的骨干和标准站，对观测资料的准确度要求高，承担的气象任务更多。因此，台站开始执行国家基准站观测规范，即由原先的一日 4 次定时观测改为 24 小时定时观测，观测人员实行昼夜守班。

在相当长的时间里，南京气象观测数据的记录和处理均为人工编报。随着计算机在气象行业的普及，南京地区于 1985 年开始使用 PC-1500 袖珍型计算器，实现了气象观测记录的查算、编报和资料处理准自动化。1997 年，正式采用 AHDM3.0 测报软件编制地面气象报表，这标志着江苏省地面测报现代化迈上了一个新的台阶。1998 年，南京站 701C 探空测风记录处理终端投入业务使用。

（3）快速发展（2001—2022 年）

进入 21 世纪，我国的气象业务、技术在现代化的道路上快马加鞭，实现腾飞。地面气象观测进入了高效、自动化的新阶段，更加先进、自动化的新型观测仪器逐渐取代了以往的观测仪器。

在过去几十年间，59 型探空仪 -701 二次测风雷达探测系统在我国气象事业发展中起到了重要的作用。随着气象现代化进程和电子技术的发展，L 波段二次测风雷达、GPS（全球定位系统）高空气象探测系统于 2003 年开始投入业务使用，L 波段雷达的使用标志着高空探测进入了半自动化的时代[①]。

2005 年 1 月 1 日，南京开始以自动气象站作为正式记录，进行编、发报。2007 年，观测方式从人机交互到部分实现自动化，地面观测进入半自动化时代。2013 年，开展南京地面、高空观测一体化试点[②]。2013 年 5 月起，南京观

---

① 江苏省气象局 . 江苏省基层气象台站简史 [M]. 北京：气象出版社，2011：11.

② 中国气象局 . 中国气象年鉴（2014）[M]. 北京：气象出版社，2015：334.

测站于全国首批实行了高空、地面一体化业务。气象观测仪器向自动化方向迅速发展，GTS1 型数字探空仪、CLC-11-D 型风廓线雷达、拉曼激光雷达、臭氧激光雷达、能见度自动观测仪、雨滴谱仪、大气电场仪、激光雷达、微波辐射计、日照传感器、闪电定位仪、前向散射能见度仪、通讯转换器、激光云高仪、可见光成像仪、雪深探测仪、天气现象智能观测仪等许多新型探测设施应运而生，提高了精细化、自动化、专业化获取气象信息的能力。

2018 年以来，江苏省气象局开始全面推进智能台站建设，前期已在南京、泰州等 5 站开展试点探索。2020 年 4 月 1 日起，我国正式进入地面气象观测全面自动化时代。全面自动化观测的实施，不仅是给观测人员“减负”，同时，由于观测频率和传输效率显著提高，气象观测监测能力也得到增强。

近年来，气象观测自动化、现代化水平在不断提升，但是地面、高空气象观测业务的有机联系不足、集约化程度不高、资源优化配置不够等问题日益显露出来，迫切需要通过深化改革加以解决。南京观测站于全国首批实行了高空、地面一体化业务。2013 年，中国气象局在充分考虑地域、环境、业务代表性等因素的基础上，决定在全国选择 9 个气象台站开展地面、高空气象观测业务一体化试点工作，希望通过试点工作来进一步加强地面、高空的集约化程度，提高综合观测水平和人员综合素质等。9 个试点台站先行先试，初步探索建立了一体化的地面、高空气象观测业务流程、值班制度、岗位职责等，试点台站业务运行平稳，观测人员综合素质提升，证明了业务推广的可行性。其中，南京观测站 2013 年 5 月起于全国首批实行了高空、地面一体化业务。2014 年，地面、高空气象观测业务一体化在全国进行推广。

南京气象百年来的辛勤努力，在这一阶段也得到了国际的认可。2020 年 9 月 30 日，世界气象组织（WMO）执行理事会第 72 次届会通过决议，南京气象观测站因其悠久的建站历史、多年致力于持续观测及推动探测环境保护，被认证为 WMO 百年气象站之一[①]。

① 陈建东，张军，马跃琍.南京气象观测站：记录百年风雨守望美丽金陵[EB/OL].（2020-11-12）[2022-07-08].http：//js.cma.gov.cn/xwzx/mtjj/202011/t20201117_2379115.html.

第2节　气象现代化

（1）观测现代化

21世纪以来，随着气象事业高质量发展的推进，气象仪器、技术以惊人的速度发展。为得到更加精准的气象探测数据，以保障人民生产、生活，一批批高、精、尖的探测设备“落户”南京。

作为最基本的业务，以自动化程度为标志，南京的地面气象观测业务改革已取得阶段性进展。2007年，观测方式从人机交互到部分实现自动化，地面观测进入半自动化时代。2020年4月1日，按中国气象局部署，地面气象观测再次提档升级，全面实行自动化。11月20日，开始使用江苏省气象探测中心研发的业务站自动值守平台，地面气象观测向自动、智能的方向又迈出了坚实的一步。在完成自动化改造后，南京气象部门将在大数据、人工智能方向继续深挖，赋予自动化更多智能思考和运算，为气象部门天气预报、气象信息、气候分析等提供更为精准的观测数据。

南京探空站作为全国第一个探空站，经过多年发展，已配备了现代化的集成探空系统，实现了L波段探空系统与GPS探空系统的技术集成。能见度仪、云高云量观测仪、天气现象仪器、自动日照计、固态降水观测仪、多普勒天气雷达、激光雷达等自动化观测的设备，使气象站的目力及定性观察、人工仪器测量逐渐退出历史舞台。智慧气象概念从酝酿，到提出，到逐渐丰富，再到转化为应用，是南京气象站脚踏实地探索通向未来道路的体现。

随着气象探测手段的不断发展，所采集的气象数据越来越多，多种气象信息处理系统也相继被开发、使用。近几年来，南京市气象局持续推进特大城市垂直气象综合观测系统建设，综合、立体、高效的垂直气象观测网络日趋完善，南京综合气象观测信息化、智能化、社会化水平大大提升。至2020

年底，已建成较为完善的“天、空、地”三位一体的综合气象观测体系。

（2）预报现代化

南京市气象装备不断升级的同时，天气预报也由过去的以定性、经验为主，向客观化、定量化的方向不断发展。

20 世纪 70 年代，雷达、卫星云图、气象图片传真接收机、无线电移频电传接收系统、有线电传通信等装备投入业务使用，促进了天气预报的发展，但天气预报技术仍是以天气图为主的经验预报。天气预报制作模式也较为传统，报文接收、人工填绘、人工分析、发布预告，资料有限、时效滞后。

20 世纪 80 年代后，计算机开始广泛应用。微机局域网络、甚高频通信网、省级实时预报业务系统、天气预报专家系统、省台微机自动转报系统相继投入业务运行。

20 世纪 90 年代，随着通信、计算机技术的发展和微机的普及，气象现代化步伐明显加快。江苏省气象工作按照“一流的装备、一流的技术、一流的人才、一流的台站”的要求，建立现代化业务技术体系。“9210”系统、MICAPS（气象信息综合处理系统）工作平台等新型系统投入使用，为预报准确率、时效性提供了保障。

进入 21 世纪以来，现代天气业务以预报的精细化发展为标志，南京气象部门开始致力于精细化系统的研发，与各高校联合开展精细化预报技术研究，各种针对精细化预报业务体系建设的实施方案也陆续出台。

（3）服务现代化

进入 21 世纪，南京气象保障服务涉及的领域越来越广，气象保障精细化程度也越来越高。南京气象部门顺利完成长江二桥、三桥吊装，世界华商大会，十运会（中华人民共和国第十届全运会），中国绿化博览会等重大气象活动的保障服务工作。此外，购置灰霾观测设备、积极参与“蓝天工程”建设、实施人工增雨降尘作业、改善城市空气质量、为春运提供城市预报等，加速了南京气象服务现代化的进程。

2013—2014 年，为亚青会、青奥会等重大活动提供气象保障服务，是南京气象现代化建设正阔步前行的体现。近年来，南京气象部门顺利完成春节（春运）、元宵节、清明节、劳动节、国庆节等重大节日，江苏发展大会、森林音乐节、世界轮滑赛、南京创新周、国际马拉松、国家公祭日等重大活动，春耕春播、夏收夏种，长江深水航道、五桥等重大工程的气象保障任务①。

在气象信息平台建设方面，20 世纪 80 年代以前，南京气象信息服务产品以书面文字材料传送为主。20 世纪 90 年代起，开始采用电话、传真、远程气象服务终端、手机短信、电子显示屏等多种服务手段，全方位、多层面提供公共气象服务。通过举办科普周活动、拍摄气象专题科普电视片、主办科普评奖活动、举办气象展览等，进行气象知识传播。21 世纪以来，形成涵盖电视、广播、手机、报纸、互联网、电子显示屏、新闻发布会和通气会、新闻媒体、新媒体等多种渠道的公众气象信息发布系统②。此外，通过开展“世界气象日”“防灾减灾周”“全国科普日”等科普宣传活动，开放气象预报与观测场所，开办各类讲座、讲坛、展览、评奖活动来传播气象信息与气象知识。南京现代化信息平台的发展，使人们获取气象信息和了解气象知识越来越便捷、全面、及时。

---

① 南京市气象局 . 文明气象，精致服务——南京市气象局履行社会责任 2017 年度报告 [EB/OL].（2019-01-21）[2022-07-08].http：//js.cma.gov.cn/dsjwz/njs/xxgk_4499/tzgg/201901/t20190121_121509.html.

② 江苏省气象局 . 江苏省基层气象台站简史 [M]. 北京：气象出版社，2011：11-12.